Leitfaden für das
Maschinenzeichnen

Von

Dipl.-Ing. K. Sauer
Studienrat

Zweite, verbesserte Auflage

Mit 159 Textabbildungen

Berlin
Verlag von Julius Springer
1923

ISBN-13:978-3-642-90341-0 e-ISBN-13:978-3-642-92198-8
DOI: 10.1007/978-3-642-92198-8

Vorwort.

Der Unterricht im Maschinenzeichnen soll die Schüler befähigen, den darzustellenden Maschinenteil seiner Form und seinen Abmessungen nach zu beobachten und das Beobachtete einfach und klar darzustellen.

Der Unterricht beginnt zweckmäßig mit dem Zeichnen von Maschinenteilen in Handrissen. Dies ist der beste Weg, um die Beobachtungsgabe und das Anschauungsvermögen gründlich zu schärfen. Mit Hilfe der so hergestellten Handrisse kann der Schüler alsdann eine Werkzeichnung herstellen. Hierbei wird man mit leichten Aufgaben beginnen und allmählich zu schwierigen übergehen. Die so gewonnenen Kenntnisse in der zeichnerischen Darstellung sollen den Schüler befähigen, alsdann einfache Maschinenteile selbst zu konstruieren.

Der Handriß ist das Werk der Wärme und des Genies, die Konstruktionszeichnung das Werk der Arbeit, der Geduld, langer Studien und einer vollendeten Erfahrung in der werkstattmäßigen Ausführung von Maschinenteilen.

Für die Durchführung eines erfolgreichen Zeichenunterrichts ist die Person des Lehrers von größter Wichtigkeit. Er muß Erzieher und Konstrukteur zugleich sein. Die Grundbegriffe der konstruktiven Ausgestaltung von Maschinenteilen und der Festigkeitslehre sowie die deutschen Industrienormen muß er ebenso beherrschen wie die Gesetze der Pädagogik.

Ich habe im vorliegenden Leitfaden die wichtigsten Regeln, die bei der Anfertigung von Maschinenzeichnungen zu beachten sind, kurz zusammengefaßt und sie durch anschauliche Beispiele erläutert, die aus dem Gebiete der Maschinenelemente gewählt sind. Neben den richtigen Darstellungen sind in vielen Fällen noch fehlerhafte beigefügt, in welchen diejenigen Zeichenfehler zusammengestellt sind, die erfahrungsgemäß immer wieder von Anfängern gemacht werden.

Besonders eingehend sind die Regeln behandelt, welche das Einschreiben der Maße betreffen, weil für die Herstellung des Werkstückes die Maßzahl und nicht die Zeichnung maßgebend ist.

Dortmund, im Januar 1923.

Der Verfasser.

Inhaltsverzeichnis.

I. Zeichenmaterialien.

1. Das Reißbrett. Es dient als Unterlage für den Zeichenbogen, der mittels Reißzwecken darauf befestigt wird. Das Reißbrett soll aus weichem, gut ausgetrocknetem Holz (Linde, Pappel) bestehen und muß genau eben sein. Die Kanten des Brettes sollen gerade sein und rechtwinklig zueinander stehen. Insbesondere muß die linke Kante, an welcher der Schienenkopf geführt wird, genau gerade gehobelt sein.

2. Die Reißschiene. Sie wird aus Birnbaumholz hergestellt und dient zum Ziehen horizontaler Linien, sowie zur Führung der Dreiecke. Die Reißschiene sowie die Dreiecke werden mit der linken Hand geführt, während mit der rechten Hand die Bleilinien an der oberen Kante der Schiene von links nach rechts und bei Verwendung von Winkeln an der linken Kante von oben nach unten gezogen werden.

Reißschienen mit Stell- oder Doppelkopf können zum Zeichnen paralleler Schräglinien verwendet werden.

Die Reißschiene darf nicht als Führung für das Messer beim Beschneiden des Zeichenblattes benutzt werden, weil sie dabei leicht beschädigt werden könnte. Für das Beschneiden verwendet man zweckmäßig ein eisernes Lineal.

3. Dreiecke. Sie werden aus Holz, Hartgummi, Zelluloid und Metall hergestellt und müssen einen genauen rechten Winkel besitzen. Man verwendet Dreiecke mit Winkeln von 45° und von 30° bzw. 60°, und zwar je zwei Stück, ein großes und ein kleines. Alle vertikalen Linien werden mit Hilfe des Dreiecks gezogen, welches auf der Reißschiene geführt wird. Es ist falsch die vertikalen Linien mit Hilfe der Schiene ziehen zu wollen.

4. Der Anlegemaßstab. Er wird aus Holz, Metall oder Zelluloid gefertigt und besitzt auf beiden Seiten eine Millimeterteilung.

5. Das Reißzeug. Es soll folgende Teile enthalten:

a) Einen Stechzirkel.
b) Einen Einsatzzirkel mit Nadel-, Bleistift- und Ziehfedereinsatz.
c) Eine Verlängerungsstange dazu.
d) Zwei Ziehfedern, eine große und eine kleine.
e) Einen Nullenzirkel mit Nadel-, Bleistift- und Ziehfedereinsatz.
f) Einen Zirkelschlüssel zum Nachspannen eines zu lose gehenden Zirkels.
g) Einen Teilzirkel.

6. Zeichenpapier. Es soll gut geleimt sein, damit es beim Radieren nicht zu stark angegriffen wird.

7. Bleistifte. Sie müssen, leicht über das Papier geführt, eine gleichmäßig dunkle Linie geben und dürfen nicht kratzen. Ihre Härte soll stets gleich bleiben, damit ein sauberer, feiner Strich entsteht. Die Härte muß sich nach der auszuführenden Arbeit richten. Viel verwendet werden Nr. 4 und 5 der Firmen A. W. Faber und Joh. Faber, beide in Nürnberg; sowie die Kohinur-Bleistifte der Firma L. und N. Hardtmuth in Wien, mit den Bezeichnungen F, HH und HHHH, welch letztere etwa den Nummern 3, 4 und 5 entsprechen.

An Stelle der gewöhnlichen Bleistifte in Holzfassung werden auch häufig die sog. Künstlerstifte verwendet, die eine bewegliche Bleieinlage besitzen, deren Stellung durch eine Klemmvorrichtung reguliert werden kann.

Die Bleistifte sollen stets schlank angespitzt werden. Gibt man ihnen eine meißelförmige Schneide, so bietet diese den Vorteil, nicht so schnell stumpf zu werden wie eine kegelförmige Spitze. Das Anschärfen der Bleistiftzpitze erfolgt zweckmäßig mit Hilfe einer kleinen Feile.

8. Radiergummi. Um Bleilinien und Schmutzflecke von Zeichnungen zu entfernen, benutzt man einen weichen; zum Beseitigen von Tuschlinien einen harten Radiergummi.

9. Handfeger. Derselbe dient zum Entfernen der beim Radieren sich bildenden Gummi- und Papierteilchen, sowie zur Beseitigung von Staub.

10. Flüssige Tuschen. Diese müssen unverwaschbar und lichtbeständig sein, gut aus der Feder fließen und schnell trocknen. Ferner sollen sie eine große Deckkraft und Widerstandsfähigkeit beim Radieren besitzen.

11. Schließlich kommen noch folgende Zeichenmaterialien in Betracht: Farbpinsel, Tuschnäpfe, Fließpapier, Kurvenlineale, Farbstifte und Reißzwecken.

II. Anfertigung von Handrissen.

1. Das Aufnehmen von Maschinenteilen.

Die Maschinenzeichnung hat den Zweck, dem ausführenden Maschinenbauer die Vorstellung des entwerfenden Konstrukteurs über die Form und Größe der Maschinenteile und ihre Wirkungsweise zu übermitteln. Durch die Zeichnung, welche der Konstrukteur auf Grund seines Gedankenbildes anfertigt, soll der ausführende Arbeiter instand gesetzt werden, dasselbe Gedankenbild in greifbare Wirklichkeit umzusetzen, es in Metall, Holz oder Stein nachzuformen. Eine Konstruktionszeichnung, die ihre Aufgabe wirklich erfüllen soll, muß sämtliche Angaben enthalten, die zur werkstattmäßigen Herstellung des Stückes erforderlich sind. Insbesondere muß sie nicht bloß über das Aussehen des Werkstückes und seine Form, sondern im Gegensatz zu sonstigen Abbildungen auch über seine räumliche Größe und über das Material, aus dem es besteht, Aufschluß geben. Da die Zeichnung sich hauptsächlich zur Wiedergabe räumlicher Gebilde eignet, ist sie die internationale Sprache des Technikers geworden, welche seine Gedanken leichtverständlich und unzweideutig wiedergibt, und zwar viel klarer und anschaulicher, als es durch weitschweifige Beschreibung möglich ist.

Technische Handrisse (Skizzen) sind vereinfachte Darstellungen, die je nach dem Zweck nur das Wesentliche mit einfachen Mitteln zum Ausdruck bringen. Ein guter Handriß bietet ebenso wie die Zeichnung die Möglichkeit ein klares Urteil über Zweck und Ziel der Konstruktion des aufgenommenen Gegenstandes zu gewinnen. Deshalb muß jeder Techniker imstande sein, seine Gedanken über irgendeine Konstruktion mittels Handrissen kurz und bündig klarzulegen.

Der Unterricht im Maschinenzeichnen beginnt zweckmäßig mit dem Aufnehmen von Maschinenteilen in Handrissen. Die Aufgabe des Schülers besteht alsdann darin, die Form des Maschinenteiles völlig zu erfassen und ihr auf dem Papier einen erschöpfenden zeichnerischen Ausdruck zu verleihen. Hierzu ist als Voraussetzung nicht nur ein entwickeltes Raum- und Vorstellungsvermögen, sondern auch eine gewisse Gewandtheit in der zeichnerischen Wiedergabe der Formen, sowie eine gewisse Handfertigkeit erforderlich.

Bevor man mit der Anfertigung eines Handrisses beginnt, muß man sich über die Grundformen des darzustellenden Körpers (Prisma, Zylinder, Kegel, Kugel usw.) klar sein und danach die Hauptachsen bestimmen. Alsdann ist zu überlegen, welche Risse erforderlich sind, um die Gestalt des Körpers eindeutig zu bestimmen.

Hat man sich über die Anzahl der erforderlichen Ansichten Klarheit verschafft, so zeichnet man die Hauptachsen als Mittellinien sämtlicher Projektionen auf den Bogen auf und gewinnt dadurch schon eine gewisse Einteilung, die die Festlegung des Maßstabes erleichtert. Von den Mittellinien ausgehend, zeichnet man alsdann, von innen nach außen fortschreitend, die Hauptabmessungen des Maschinenteiles in geeigneter Größe auf.

Die Hauptabmessungen sind durch den Zweck der Konstruktion gegeben und bestimmen die Größe des Maschinenteiles. Die Hauptabmessungen eines Lagers, das bestimmt ist einen Zapfen zu tragen, sind Durchmesser und Länge der Lagerschalenbohrung, bzw. Durchmesser und Länge des Zapfens. Eine Kupplung dient zur Verbindung von zwei Wellenenden; folglich sind Wellenstärke, bzw. Nabenbohrung und Nabenlänge die Hauptabmessungen der Kupplung. Bei einem Ventil sind lichte Weite und Baulänge, bei einem Kolben Durchmesser und Breite die Hauptabmessungen.

Durch die Eintragung der Hauptabmessungen ist der Maßstab für den Handriß endgültig festgelegt, und man hat nun sämtliche Abmessungen des Maschinenteiles ihrer Größe nach mit denen der Hauptabmessungen zu vergleichen und im richtigen Verhältnis einzuzeichnen.

Jede Abmessung des Maschinenteiles soll sofort in allen erforderlichen Rissen eingezeichnet werden, wobei auf richtiges Projizieren zu achten ist. Dann erst trägt man den anschließenden Konstruktionsteil in allen Rissen auf und fährt so in der gleichen Reihenfolge fort, wie das Werkstück oder das Modell unter der Hand des Arbeiters entsteht.

Der Anfänger hat meistens das Bestreben erst einen einzelnen Riß vollständig fertig zu stellen und dann den nächsten zu zeichnen. Bei einfachen Gegenständen mit geradlinigen Begrenzungen ist dies Verfahren auch zulässig, bei komplizierten Gegenständen aber ist es in der Regel nicht angängig, weil ihm dabei die erforderliche Übersicht über das Große und Ganze verloren geht. Außerdem können häufig einzelne Kanten des einen Risses nur durch eine Konstruktion gewonnen werden, die allein im andern Riß vorgenommen werden kann.

So wäre es z. B. falsch, beim Skizzieren eines Geländerstangenkopfes (Abb. 1) zunächst die Vorderansicht mit dem darin vorkommenden Durchdringungskreise vollständig fertig zu stellen und erst dann die Seitenansicht zu zeichnen, weil der Durchmesser des Durchdringungskreises nur durch eine Konstruktion aus dem Durchmesser und der Breite des Stangenkopfes gewonnen werden kann, die beim Zeichnen des Seitenrisses sich von selbst ergibt. Man wird daher den Durchmesser des Durchdringungskreises zunächst im Seitenriß konstruktiv bestimmen und dann erst den Durchdringungskreis in die Vorderansicht übertragen.

Ferner wird bei der Anfertigung von Handrissen häufig der Fehler gemacht, daß nicht mit den Hauptdimensionen, sondern mit einer beliebigen Ecke, vielleicht links oben, angefangen und allmählich nach rechts unten fortgeschritten wird. Abb. 2 zeigt einen in dieser Weise falsch angefangenen Handriß eines Lagers. Hier ist mit einem Nebenteil, der Mutter der Deckelschraube, begonnen worden, die auch als Maßstab Verwendung fand, obwohl sie sich dazu keineswegs eignet.

Abb. 4 stellt die falsch angefangene Skizze einer Sellerskupplung dar. In diesem Falle sind zuerst die äußeren Umrisse als viereckiger Rahmen und darauf die Schraubenmutter eingezeichnet worden. Da es sich bald zeigte, daß der Rahmen zu klein war, wurde er wegradiert und so lange vergrößert, bis alle Konstruktionsteile darin Platz fanden.

Während beim Lager die Mutterkante, das ist eine sehr kleine Kante, als Maßstab diente, fanden bei der Kupplung die äußeren Begrenzungen, das sind die größten im Werkstück vorkommenden Kanten, zur Festlegung des Maßstabes Verwendung. Nun eignet sich aber weder eine zu kleine noch eine zu große Kante als Maßstab, da in beiden Fällen der Vergleich mit den übrigen Größen schwierig ist. Die Anfertigung des Handrisses wird jedoch wesentlich erleichtert, wenn mit den Hauptabmessungen, den Bohrungen, begonnen wird.

Nachdem man die Hauptabmessungen in den Handriß eingetragen hat, zeichnet man, von innen nach außen fortschreitend, die benachbarten Konstruktionsteile ein, in derselben Weise, wie der Modelltischler das Modell anfertigt.

Abb. 3 zeigt den Handriß einer Scheibenkupplung und Abb. 5 das zugehörige Modell.

Erforderlich sind für den Handriß der Querschnitt und die Vorderansicht. Man zeichnet zunächst die Mittellinie, die zu kuppelnden

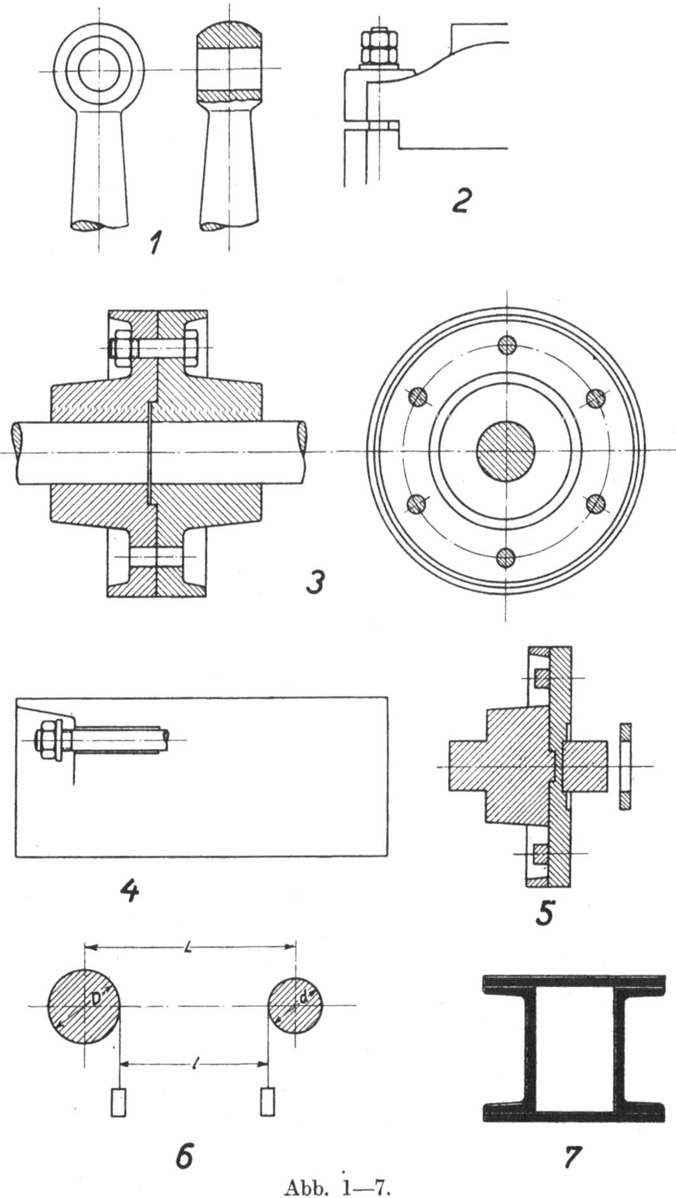

Abb. 1—7.

Wellenenden und die Nabenlänge. Dann werden die Naben, die konisch sind, um das Modell leicht aus dem Sande herausziehen zu können, der Zentrierring und die zugehörige Nut eingezeichnet. Hierauf werden die Mittellinien für die Schrauben so gewählt, daß einerseits die Kupplung möglichst klein ausfällt, andererseits aber zwischen Schraubenmutter und Nabe noch genügend Platz für einen Steckschlüssel zum Anziehen der Mutter vorhanden ist. Zum Schluß wird der äußere Rand gezeichnet, dessen Höhe so bemessen ist, daß vorstehende Schraubenteile vermieden werden.

Nachdem die beiden Risse fertiggestellt sind, werden sämtliche erforderlichen Maßlinien nebst Maßpfeile eingetragen, worauf sämtliche Maße vom Maschinenteil abgemessen und in den Handriß eingeschrieben werden. Zum Schluß werden sämtliche Querschnitte schraffiert.

Bei der Anfertigung des Handrisses sind alle Linien aus freier Hand zu ziehen; nur für Kreise darf der Zirkel benutzt werden.

Nach Fertigstellung des Aufnahmehandrisses sollte stets eine genaue Werkzeichnung des aufgenommenen Gegenstandes angefertigt werden.

Neben dem Aufnahmehandriß gibt es noch den Entwurfs- und den Erläuterungshandriß. Der Entwurfshandriß, der den Zusammenhang aller Teile der Neukonstruktion sinngemäß festlegt, muß jeder Neukonstruktion von Maschinenteilen vorangehen. Erst dann werden die Einzelheiten planmäßig durchgearbeitet. Wird der Entwurfshandriß maßstäblich und richtig gezeichnet, so geht durch Vervollständigung der Einzelheiten der Handriß in eine Zeichnung über.

Der Erläuterungshandriß dient nur dem Zwecke der Erklärung des Prinzips einer Konstruktion oder einer technischen Anlage und ist gewöhnlich rein schematisch gehalten. Zu den Erläuterungshandrissen zählen auch die Schaltungsskizzen für elektrische Anlagen.

2. Größe der Handrisse.

Der Handriß soll möglichst dieselbe Größe wie der darzustellende Gegenstand haben. Ist der aufzunehmende Maschinenteil jedoch größer als das zur Verfügung stehende Blatt, so muß sich die Größe des Handrisses nach der Größe des Blattes richten. Dieses ist so einzuteilen, daß der Maschinenteil in allen erforderlichen Rissen darauf dargestellt werden kann. Einen besonderen Maßstab gibt es für Handrisse nicht; sie werden nach Augenmaß angefertigt. Indessen ist darauf zu achten, daß alle Größenverhältnisse des Maschinenteiles im Handriß richtig wiedergegeben werden, d. h. sämtliche Abmessungen des Handrisses müssen in einem ganz bestimmten Verhältnis zu den Abmessungen des Maschinenteiles stehen. Mit je größerer Genauigkeit die Abschätzung dieser Verhältnisse vorgenommen wird, desto besser ist im allgemeinen die Skizze und desto mehr nähert sie sich der Zeichnung. Stehen die Abmessungen des Handrisses dagegen im argen Mißverhältnis zueinander, so muß notwendigerweise ein Zerrbild entstehen.

3. Abgreifen der Maße vom Maschinenteil.

Das Abgreifen der Maße vom Maschinenteil erfolgt mit Hilfe des Tasters, der Schublehre, der Mikrometerschraube, des Anschlagwinkels und des Maßstabes.

Wichtige Maße sind doppelt zu messen, um Irrtümer zu vermeiden. Soll z. B. eine Welle mit Absätzen gemessen werden, so ist zunächst die Länge der einzelnen Absätze und dann die Gesamtlänge zu messen und letztere mit der Summe der Einzelabmessungen zu vergleichen.

Zuweilen können die richtigen Ausführungsmaße am Werkstück nicht direkt abgelesen werden. Alsdann müssen erst Zwischenmaße, die für die Zeichnung unbrauchbar sind, abgemessen und daraus die richtigen Ausführungsmaße berechnet werden. Das ist z. B. der Fall bei der Bestimmung der Mittelentfernung zweier paralleler Wellen, die in gleicher Höhe liegen. Haben dieselben die Durchmesser d und D, und ist die Entfernung zwischen den Loten (Abb. 6) l, so ist die Mittelentfernung $L = l + \frac{d}{2} + \frac{D}{2}$.

4. Ausführung der Handrisse.

Ist der Handriß fertiggestellt, so werden alle Kanten mit hartem Bleistift kräftig nachgezogen und die Maße auf ihre Richtigkeit hin nachgeprüft. Zuweilen werden auch die Maßzahlen und Maßpfeile in schwarzer Tusche nachgetragen.

Der Handriß soll in der Darstellung der Form und in den Maßen so vollständig sein, daß danach die Zeichnung und nach dieser der Maschinenteil in der Werkstatt hergestellt werden kann. Für den Handriß gelten dieselben Regeln wie sie im folgenden für Maschinenzeichnungen festgelegt sind.

III. Anfertigung von Werkzeichnungen.

1. Maßstab.

Die Werkzeichnung muß maßstäblich, eindeutig und übersichtlich sein. Um diesen Forderungen zu entsprechen, ist die Werkzeichnung zunächst unter Einhaltung eines ganz bestimmten Maßstabes auszuführen.

Der Maßstab ist so groß zu wählen, daß (ohne Platzverschwendung) alle zu zeigenden Einzelheiten klar und deutlich ersichtlich sind. Dabei ist aber das Format der Zeichnung auf das kleinstmöglichste zu beschränken. Zu bevorzugen ist die natürliche Größe (M. 1 : 1). Sind die darzustellenden Teile jedoch so groß, daß man sie in natürlicher Größe auf dem Zeichenbogen nicht unterbringen kann, so wähle man eine Verkleinerung. Umgekehrt ist bei zu kleinen Gegenständen eine Vergrößerung zu wählen.

Es sind folgende Maßstäbe zu benutzen:

Verkleinerung: 1 : 2,5, 1 : 5, 1 : 10, 1 : 20, 1 : 50, 1 : 100; indessen ist 1 : 2,5 möglichst zu vermeiden.

Vergrößerungen: 2 : 1, 5 : 1, 10 : 1.

Streng zu vermeiden sind die Maßstäbe 1 : 2, 1 : 4 usw., weil es sehr schwer ist, die räumlichen Verhältnisse eines Gegenstandes nach

Zeichnung in ein Halb oder ein Viertel natürlicher Größe richtig zu beurteilen und abzuschätzen.

Neben dem Maßstab 1 : 1 ist am gebräuchlichsten der Maßstab 1 : 5. Soll ein Körper von 100 mm Kantenlänge in diesem Maßstabe gezeichnet werden, so ist die Länge 100 : 5 = 20 mm mit dem Stechzirkel von dem Maßstabe abzugreifen und auf die Papierfläche zu übertragen. Als Maß für diese Kante muß aber die Zahl 100 eingetragen werden. Wenn eine Welle von 60 mm Stärke im Maßstab 1 : 5 gezeichnet werden soll, so trägt man 60 : 10 = 6 mm von der Mittellinie aus nach beiden Seiten ab. Die Welle wird demnach 12 mm stark eingezeichnet. Als Maß für die Wellenstärke muß natürlich 60 eingetragen werden.

2. Anordnung der Ansichten und Schnitte auf dem Zeichenbogen.

a) Blattlage.

Für das Zeichnen und das Lesen der Zeichnungen ist die Blattlage: lange Seite unten und Schriftfeld mit Stückliste rechts unten die normale, die auch für das Aufzeichnen stehender, in senkrechter Richtung ausgedehnter Gegenstände bei Wahl eines entsprechenden Maßstabes oder der passenden Blattgröße möglichst beizubehalten ist. Die Lage: kurze Seite unten ist nur für besonders hohe Gegenstände zu wählen; in diesem Falle sind Maßzahlen und Schrift so zu schreiben, daß sie beim Betrachten des stehenden Gegenstandes nach den Zeichenvorschriften erscheinen. Das Schriftfeld mit der Stückliste wird dann an der kurzen Blattkante rechts unten angeordnet.

Unter allen Umständen muß die Lage des Blattes bei der Darstellung mehrerer Teile einheitlich für die Betrachtung sein.

Auf eine übersichtliche Anordnung der einzelnen Teile auf dem Zeichenblatt ist besonderer Wert zu legen.

Das in Schulzeichnungen ausschließlich angewendete Zusammenzeichnen aller Einzelteile hat für die Praxis den Nachteil, daß häufig einzelne Stücke herausskizziert werden müssen, damit an mehreren Stellen gleichzeitig gearbeitet werden kann. Dieser Nachteil kann vermieden werden, wenn eine Konstruktion in Teilzeichnungen aufgelöst und für jeden Einzelteil ein besonderes Zeichenblatt in den Betrieb gegeben wird. Dieses Verfahren ist für die Massenfertigung sicherlich das richtigste, erfordert aber eine solche Vermehrung an Zeichenarbeit, Papier, Lichtpausarbeit und Registriertätigkeit, daß es bei Einzelfertigung unwirtschaftlich ist.

In diesem Fall ist das Teilblattverfahren das zweckmäßigste, wobei alle zusammengehörigen Teile wohl auf einem Zeichenblatt dargestellt, aber auf der Zeichnung so angeordnet werden, daß im Betrieb die einzelnen Teilblätter, welche die Größe der Arbeitskarten haben, herausgeschnitten und in die Werkstatt geleitet werden können. Auf diese Weise wird die Arbeitsverteilung wesentlich erleichtert, und es kann bei geringstem Aufwand an Zeichenarbeit gleichzeitig die Bearbeitung aller Einzelteile begonnen werden.

b) Gebrauchslage.

Die Gegenstände sind im allgemeinen in der Gebrauchslage zu zeichnen, d. h. stehende nicht liegend für den Beschauer der Zeichnung und umgekehrt. In Teilzeichnungen kann bei Gegenständen, die sowohl mit senkrechter als auch mit wagerechter Achsenlage verwendet werden, wie Schrauben, Bolzen, Lager usw. von dieser Regel abgewichen werden.

Soll z. B. eine Kupplung für eine Transmissionswelle gezeichnet werden, so wird man auf dem Zeichenbogen die Welle in der Gebrauchslage, also horizontal zeichnen. Sinngemäß wird man die Befestigungsplatte beim Hängelager über der Welle, beim Wandlager seitlich von der Welle anordnen, denn nur bei dieser Darstellungsweise ist es möglich, sich eine genaue Vorstellung von der Lage und Wirkungsweise der Maschinenteile im Betrieb zu verschaffen.

Ist ein Werkstück in mehreren Projektionen dargestellt, so ist es zweckmäßig, dasselbe auch in allen Projektionen in der gleichen Gebrauchslage zu zeichnen. Ist ein Absperrventil im Aufriß z. B. im geschlossenen Zustande dargestellt, so sollte es im Seitenriß nicht in geöffneter Stellung gezeichnet werden. Will man die Höhe des Ventilhubes und die Stellung im geöffneten Zustande außerdem angeben, so kann man die äußerste Stellung des Ventilkegels im geöffneten Zustande in dünnen Linien in die Zeichnung eintragen.

c) Projektionen.

Der darzustellende Gegenstand muß in soviel Ansichten, bzw. Schnitten dargestellt werden, daß er unzweifelhaft richtig und durchaus vollständig in allen seinen Einzelheiten bestimmt ist. Der Arbeiter, der nach der Zeichnung den Gegenstand herstellt, muß in der Lage sein, alles Wissenswerte daraus zu entnehmen und den Gegenstand richtig herzustellen, ohne daß Rückfragen erforderlich sind.

Die Anordnung der Ansichten und Schnitte hat nach den Regeln der Projektionslehre zu erfolgen, und zwar findet die rechtwinklige Projektion, bei der die Projektionsebenen um einen Winkel von 90° gegeneinander geneigt sind, allgemeine Anwendung. Diese, den Regeln der darstellenden Geometrie entsprechende Darstellungsweise, das sog. Klappverfahren, geht aus Abb. 12 hervor.

Die Ansicht, welche in vertikaler Ebene vor dem Beschauer liegt, heißt Aufriß oder Vorderansicht, diejenige in horizontaler Ebene Grundriß oder Draufsicht. Der Grundriß muß stets senkrecht unter dem Aufriß liegen. Ansichten des Gegenstandes von der rechten oder linken Seite desselben werden hinter den angesehenen Gegenstand neben den Aufriß gestellt. Es steht also die Ansicht von links rechts neben dem Aufriß und die Ansicht von rechts links neben dem Aufriß. Eine Ansicht des Gegenstandes von unten wird über dem Aufriß gezeichnet. Die Anordnung der genannten Risse, nämlich des Aufrisses A, des Grundrisses G, der Seitenansichten Sr und Sl, der Ansicht von unten U, sowie der Rückansicht R geht aus der Abb. 8 hervor.

In den meisten Fällen kommt man jedoch mit drei Projektionen: dem Aufriß, dem Seitenriß und dem Grundriß aus.

U
8
G
A
Sr
Sr
A
Sl
R
G
9
a
11
Gesehen in Richtung des Pfeiles a
10
12
13
14
15

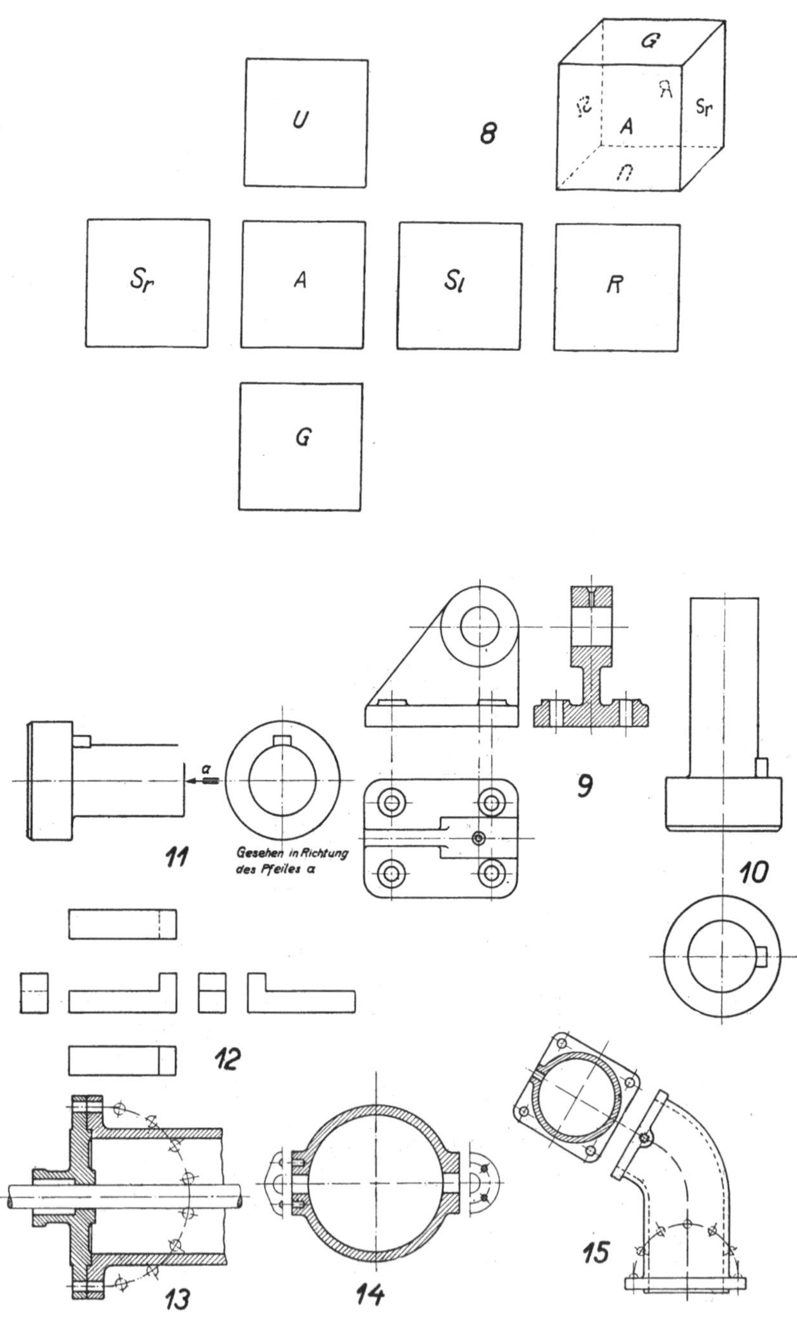

Abb. 8–15.

In Schulzeichnungen findet man häufig der Platzersparnis wegen das in Abb. 115 dargestellte Projektionsverfahren, wobei im Grundriß der Gegenstand zur Hälfte von oben, zur anderen Hälfte von unten gesehen dargestellt ist. Diese Darstellungsweise ist nicht zu empfehlen, da nach den Regeln des Klappverfahrens die Ansicht von unten über dem Aufriß liegen soll. Die Größe der im Lagerfuße angeordneten Aussparung läßt sich indessen durch gestrichelte Linien, wie Abb. 115a zeigt, völlig einwandfrei bestimmen.

Zuweilen ist das Umlegen von Gegenständen um schräg laufende Kanten vorteilhaft (Abb. 15), weil dadurch ungünstige Verkürzungen der Darstellung vermieden werden. In diesem Falle ist das Umlegen um die schräge Kante dem Klappen um wagerechte oder senkrechte Kanten vorzuziehen.

In Amerika ist nicht das Klappverfahren, sondern das sog. Schwenkverfahren im Gebrauch. Bei diesem wird die Ansicht von rechts auf den Gegenstand rechts neben denselben, die Ansicht von links auf den Gegenstand links neben denselben gezeichnet. Die Stellung der Seitenrisse ist also die entgegengesetzte wie beim Klappverfahren. Da aber das Schwenkverfahren keine wesentlichen Vorzüge besitzt, so ist die deutsche Art des Umlegens, das Klappverfahren, stets anzuwenden.

Bei nachträglichen Abänderungen der Zeichnung kann es wegen Platzmangels zuweilen erforderlich sein, von der richtigen Anordnung der Ansichten abzuweichen. In diesem Falle muß die Sehrichtung durch einen Pfeil mit großem Buchstaben angegeben werden; z. B. gesehen in Richtung des Pfeiles *a* (Abb. 11).

Unzulässig und daher zu vermeiden sind willkürliche Nebeneinanderstellungen der einzelnen Risse, weil sie die Übersicht erschweren und zu Irrtümern Anlaß geben können.

3. Art der Darstellung.

a) Ansichten und Schnitte.

Als Hauptansicht ist die vorteilhafteste Ansicht (Schnitt) zu wählen, das ist diejenige, die beim Beschauen des Gegenstandes in wagerechter Richtung an Formen und Abmessungen möglichst viel ausdrückt (Abb. 9 links), oder die eine vorteilhafte Lage der Draufsicht oder der Seitenansicht für die Ausnutzung des Zeichenraumes ergibt.

Hat der darzustellende Gegenstand im Innern Hohlräume, so wird er in der Regel in den verschiedenen Projektionen im Schnitt dargestellt. Zeigt der Aufriß den Körper im Schnitt, so nennt man ihn Längsschnitt, zeigt der Grundriß den Körper im Schnitt, so nennt man ihn Querschnitt.

Der vor der Schnittebene liegende Teil des Werkstückes (Abb. 52) wird strichpunktiert dargestellt. Symmetrische Körper können auch halb im Schnitt und halb in Ansicht dargestellt werden, wobei beide durch die Mittellinie zu trennen sind. Hierdurch ist stillschweigend gesagt, daß die auf der anderen Seite der Mittellinie liegende Form symmetrisch mit der gezeichneten ist. Die Trennung darf in diesem

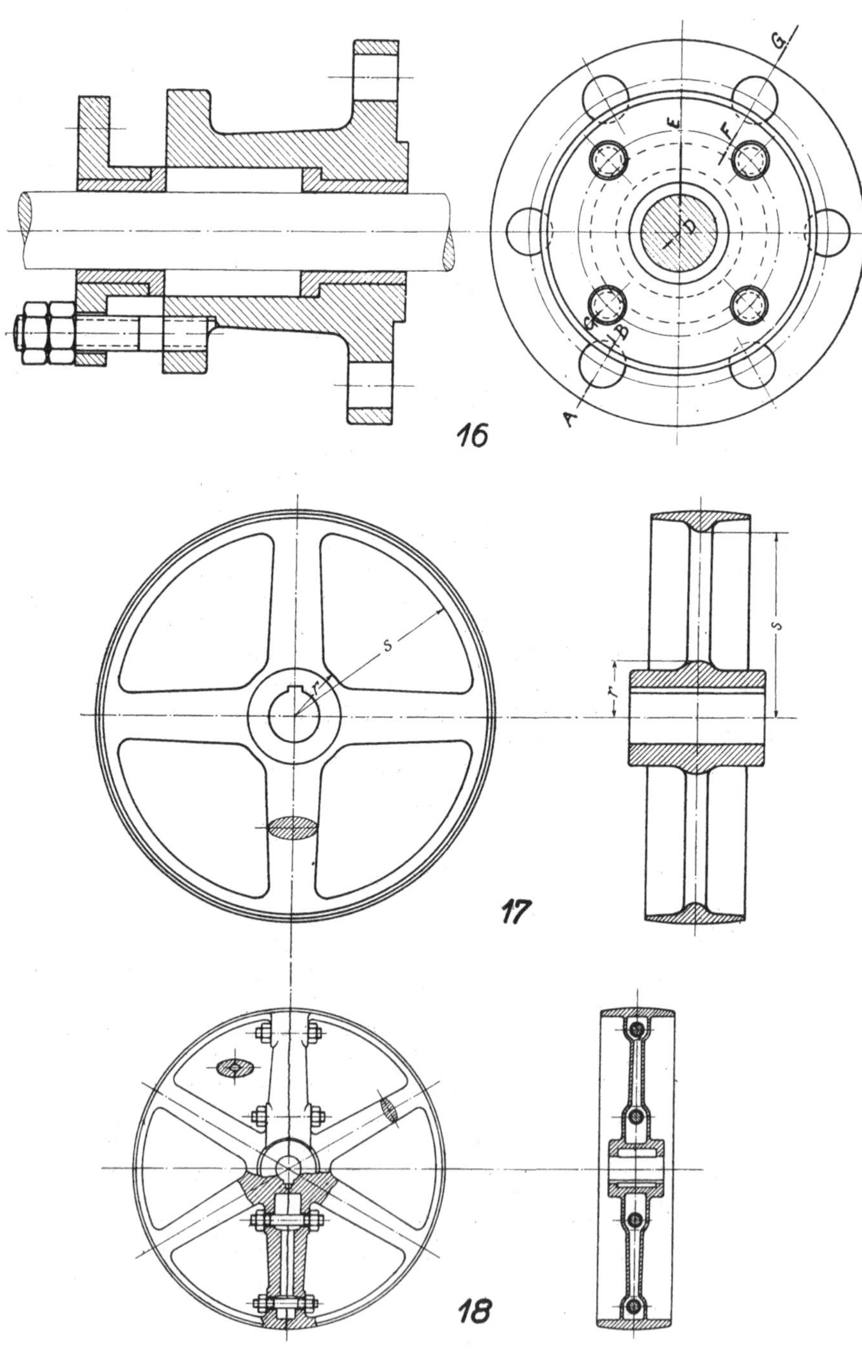

Abb. 16—18.

19
19a
falsch
20
20a
falsch
21
21a
falsch.
22
22a
falsch.
23
23a
24
24a
falsch.
25
25a
falsch.
26
26a
falsch.
27
27a
falsch.
28
28a
falsch.
29
29a
29b
falsch.
31
31a
falsch.
30
30a
falsch.

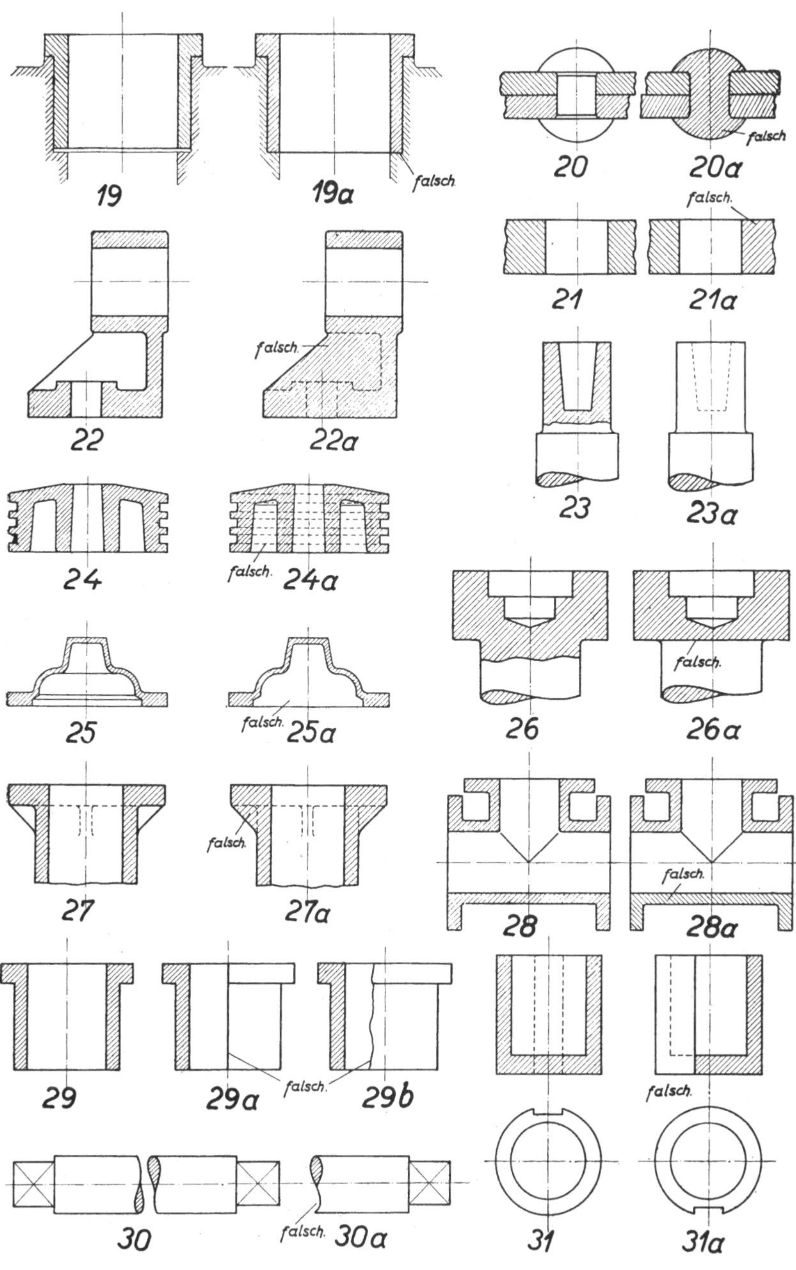

Abb. 19—31a.

Falle nicht durch eine willkürliche Bruchlinie neben der Mittellinie oder gar durch eine Kante des Körpers erfolgen (Abb. 29b und 31a). Dagegen ist eine willkürliche Bruchlinie als Trennungslinie zwischen Schnitt und Ansicht zulässig, wenn sie die Mittellinie kreuzt, vorausgesetzt, daß die Bruchlinie nicht mit einer Körperkante zusammenfällt (Abb. 23). Bei quadratischen und rechteckigen Blechen (Abb. 101), sowie bei Walzeisen sind die Mittellinien fortzulassen, obwohl es sich auch hier um symmetrische Körper handelt (Abb. 7).

Setzt sich ein Werkstück aus mehreren Teilen zusammen, so ist es zulässig in der einen Projektion Teile wegzulassen, die in der anderen zu sehen sind. Abb. 55 zeigt z. B. eine Stufenscheibe im Längsriß und Seitenriß. Im letzteren ist aber die Vorderwand nicht dargestellt, damit man die Stärke der Rippen erkennt.

b) Unnötige Projektionen.

Unnötige Ansichten und überflüssige Schnitte sind schon der Raum- und Arbeitsersparnis wegen zu vermeiden. Deshalb ist stets zu prüfen, ob die Form des Werkstückes nicht schon durch Vorderansicht und Grundriß (Abb. 10), bzw. durch die Vorderansicht und den Seitenriß (Abb. 48), ausreichend dargestellt ist.

In Abb. 58a ist auch der Grundriß überflüssig, weil aus den Durchmesserzeichen hinter den Maßzahlen des Aufrisses (Abb. 58) schon hervorgeht, daß es sich um einen Drehkörper handelt.

Lange Teile mit gleichbleibendem Querschnitt werden zwecks Platz- und Arbeitsersparnis gewöhnlich abgebrochen gezeichnet (Abb. 30 und 35).

Häufig kann eine zweite Ansicht oder ein Schnitt dadurch gespart werden, daß in die Darstellung einfache zeichnerische Angaben aus einer zur Zeichenfläche senkrechten Ebene in feinen Linien eingetragen werden. In den Abb. 17 und 18 sind Armquerschnitte in dieser Weise dargestellt, während die Abb. 13 einen Lochkreis zeigt.

Bei Körpern mit rundem oder rechteckigem Querschnitt genügt auch allein die Längsansicht, wenn aus den Maßangaben die Querschnittsform eindeutig hervorgeht (Abb. 35). Symmetrische Körper sind oft schon durch eine einzige Schnittdarstellung eindeutig gekennzeichnet. So können Flanschen stets durch eine einzige Schnittfigur dargestellt werden, wenn der halbe Lochkreis umgelegt eingetragen wird, wie es die Abb. 13 und 15 zeigen. Zuweilen sind jedoch Teilprojektionen erforderlich (Abb. 14).

Von symmetrischen Körpern wird häufig nur die Hälfte dargestellt, um Platz und Zeichenarbeit zu sparen. In diesem Falle gilt die Mittellinie als Bruchlinie (Abb. 65).

c) Schnittebene und Schnittverlauf.

Alle Kanten des Körpers, die man beim Blick in einer bestimmten Projektionsrichtung nicht sieht, da sie entweder hinten oder im Innern des Gegenstandes liegen, kann man gestrichelt in die Zeichnung eintragen (Abb. 49). Aber man strichelt nur, wenn die Kanten in anderer

Weise gar nicht oder nur schwierig zur Darstellung gebracht werden können, oder wenn das Bild dadurch deutlicher wird. Indessen sollte man nicht jede unsichtbare Linie stricheln, denn zu viele gestrichelte Linien machen die Zeichnung unklar und unruhig (Abb. 24a).

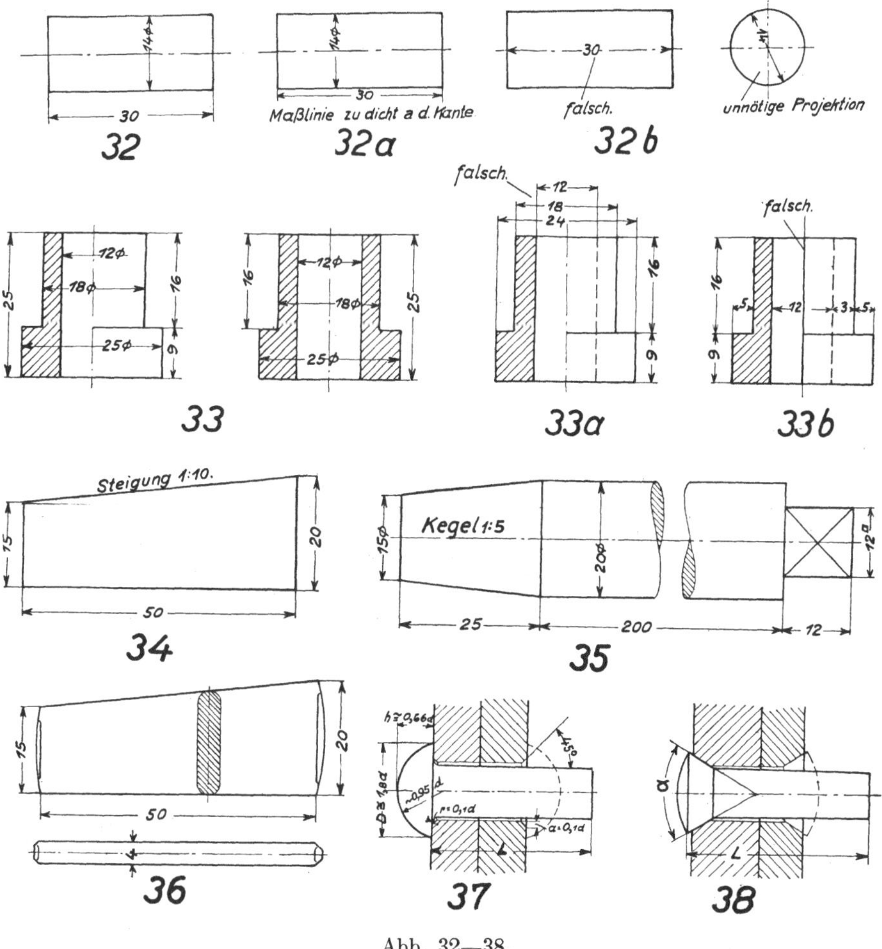

Abb. 32—38.

Ein anderes Hilfsmittel, um für gewöhnlich unsichtbare Teile des Gegenstandes zur Darstellung zu bringen, sind die Schnitte (Abb. 43). Man denkt sich an geeigneten Stellen Schnitte durch den Gegenstand geführt, so daß das Innere sichtbar wird. Diese Methode ist sehr geeignet, auch das Innere eines sehr verwickelten Körpers erschöpfend darzustellen. Die Schnitte brauchen nicht immer geradlinig geführt zu werden, sie können auch in einer gebrochenen Linie liegen. Gegeben ist die Schnittführung allein durch die Forderung, daß möglichst

39
40
41
überbestimmt.
falsche Maße.
42
43
44
45
46
47
48
49
51
A
B
50
100 ±0,25
50 ±0,1
20 ±0,05
30 ±0,1

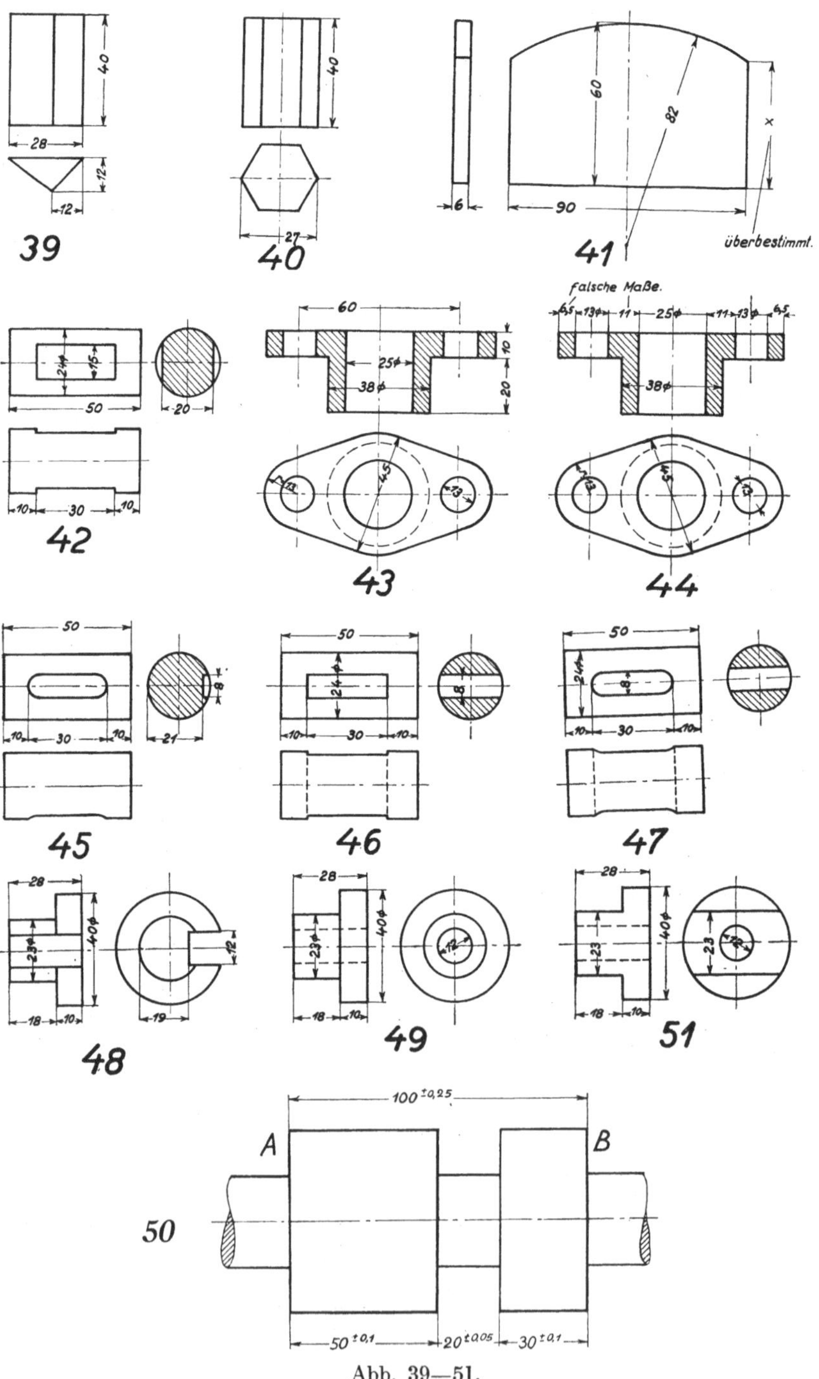

Abb. 39—51.

viel Einzelheiten sichtbar werden. Bei dem in Abb. 54 dargestellten Hebel wird man z. B. den Schnitt nicht geradlinig durch den Körper führen, wie Abb. 54a zeigt, sondern man wird den Hebel in gebrochener Linie, die durch die Mitten der Bohrungen geht, schneiden.

Zuweilen genügt ein Schnitt nicht, um alle Einzelheiten sichtbar zu machen, alsdann muß man mehrere Schnitte durch den Körper hindurchführen (Abb. 65).

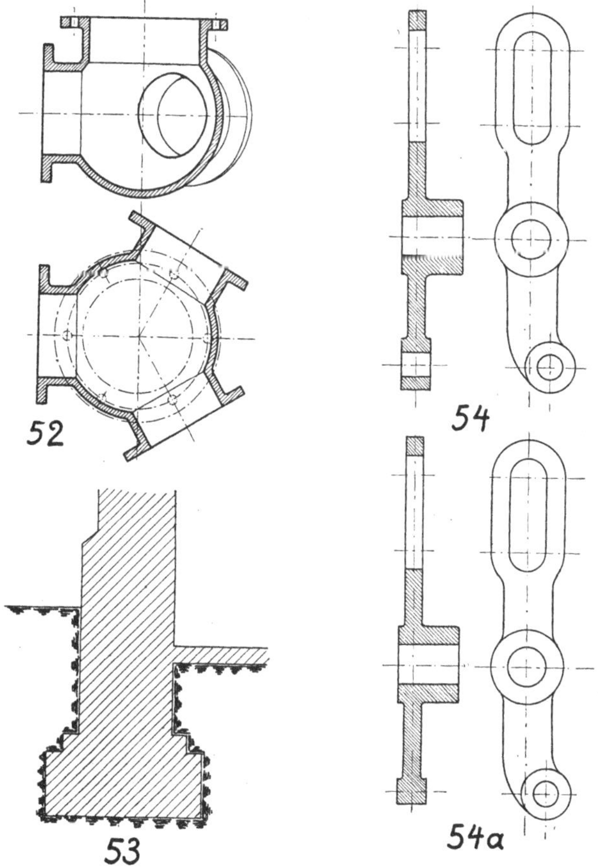

Abb. 52—54a.

Bei symmetrischen Gegenständen lassen sich häufig Ansichten und Schnitte vereinigen, indem man den Gegenstand halb in Ansicht und halb im Schnitt zeichnet (Abb. 103). Die Trennung von Ansicht und Schnitt erfolgt in diesem Falle durch die strichpunktierte Mittellinie. Die mit der Mittellinie zusammenfallende gedachte Schnittkante darf nicht stark ausgezogen werden, da es keine wahre Kante ist (Abb. 29a und 33b). Fällt die Mittellinie teilweise mit einer Körperkante zusammen, so wird auch diese nicht dick ausgezogen (Abb. 103).

55
35⌀
45⌀
80
56
35⌀
80
45
56a
40⌀
145
80
18
80
300
60
262
120
200
300
57a
40⌀
80
80
145⌀
18
300
60
28
262
300
20
50
120
200
295
57

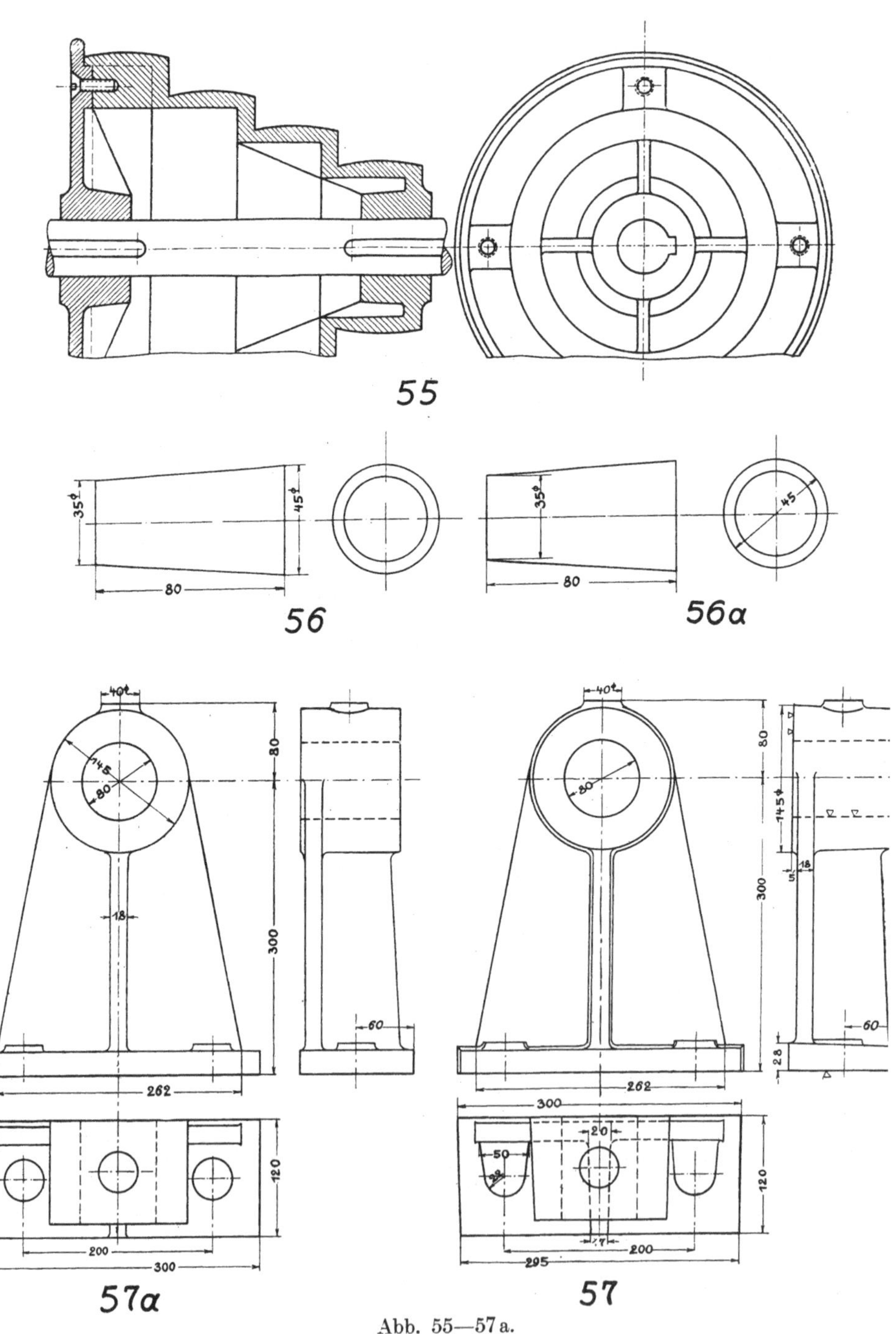

Abb. 55—57 a.

Falsch ist es, bei symmetrischen Körpern eine besondere Bruchlinie neben der Mittellinie anzugeben (Abb. 29b).

Die bisher behandelten Schnitte sind parallel zu den Hauptprojektionsachsen durch den Körper geführt worden. Bei Drehkörpern kann man jedoch, um an Zeichenarbeit zu sparen, auch Schnitte in beliebigen anderen Ebenen durch die Achse des Körpers hindurchführen. In diesem Falle denkt man sich die Schnittebene in die Hauptprojektionsebene gedreht und projiziert alsdann. (Siehe die Flanschen der Abb. 65.)

Bei einfachen Körpern, wie in Abb. 65, ist die Schnittführung nicht besonders anzugeben. Bei verwickelter Schnittführung, wie in Abb. 16, empfiehlt es sich jedoch, die Schnittführung durch eine starke strichpunktierte Linie anzugeben, deren Bruchverlauf durch große lateinische, zum Beschauer aufrecht stehende Buchstaben gekennzeichnet wird (Abb. 70).

Einfache Körper, deren Schnitt nichts Neues darstellen würde, wie Bolzen, Schrauben, Nieten, Wellen und Keile, aber auch Körper von geringer Dicke gegenüber ihrer Längenausdehnung, wie Rippen und Arme, werden in der Längsrichtung nicht geschnitten. Wenn ein solcher Körper in der Schnittebene liegt, so wird die Schnittlinie um ihn herumgeführt, ohne daß der Verlauf des so gebrochenen Schnittes in der Zeichnung besonders bezeichnet würde (Abb. 20, 22 und 27). Liegt die Schnittebene aber quer zur Längsachse dieser Körper, so werden auch sie geschnitten (Grundriß der Abb. 116 und 117).

Bei der Darstellung des Seitenrisses von Rädern, Riemenscheiben usw. denkt man sich den Schnitt seitlich an den Armen entlang geführt, wie es die Abb. 17 zeigt, gibt aber die Schnittebenen nicht besonders an. Beim Zeichnen des Seitenrisses müssen daher die Radien r und s vom Aufriß abgegriffen und in den Seitenriß übertragen werden (Abb. 17).

d) Bruchlinie.

Zuweilen sind nur einzelne Teile des Körpers, welche die Hohlräume enthalten, zu schneiden. Der übrige Teil des Körpers wird alsdann in Ansicht dargestellt, weil sein Schnitt nichts Neues zeigen würde. In diesem Falle denkt man sich aus dem Körper einzelne Teile so herausgebrochen, daß die Hohlräume sichtbar werden, und kennzeichnet den Bruch durch eine freihändig zu zeichnende, nicht übertrieben unregelmäßig verlaufende Linie (Abb. 23). Diese Bruchlinie ist schwächer als die Vollinien der sichtbaren Kanten zu zeichnen; ihre Lage muß so gewählt werden, daß sie niemals mit einer wahren Kante zusammenfällt (Abb. 26 und 26a).

Ist Holz abgebrochen dargestellt, so zeichnet man eine dem Bruche entsprechende Zackenlinie (siehe S. 46).

Um Platz zu sparen, werden lange Körper von gleichbleibendem Querschnitt abgebrochen gezeichnet (Abb. 35). Bei runden Körpern wird die Bruchlinie als dünne, unregelmäßige Linie in Schleifenform gezeichnet und die sichtbare Bruchfläche schraffiert. Kommen an einem Körper zwei Schleifen vor, so sind diese symmetrisch zur Mittellinie zu versetzen (Abb. 35). Die Darstellung der Schleifen im Aufriß und Seitenriß geht aus Abb. 145 hervor. Falsch ist die Schleifenform in Abb. 30a dargestellt; auch darf die Schleife nicht mit dem Zirkel gezeichnet werden. Der Bruch hohler Rundkörper ist nach Abb. 128 darzustellen.

Sollen die einem Maschinenteil benachbarten Teile angedeutet werden, so sind diese herausgebrochen zu denken. In diesem Falle sind aber besondere Bruchlinien nicht erforderlich, und die Schraffur wird nur auf einer kurzen Strecke angedeutet (Abb. 135—138).

4. Einfluß der Konstruktion und der Herstellung auf die Zeichnung.

Der Konstrukteur muß bei Anfertigung der Zeichnung natürlich auch auf eine zweckentsprechende Konstruktion Rücksicht nehmen. Es würde den Rahmen dieser Anleitung überschreiten, ausführlich hierauf einzugehen. Nur einige häufig vorkommende Einzelheiten sollen erwähnt werden.

Die Buchse in Abb. 19 liegt nur oben mit dem Bunde auf der Unterlage auf. Unten ist Spiel vorhanden, welches durch eine Doppellinie dargestellt wird. Es ist falsch, die Buchse nach Abb. 19a oben und unten anliegen zu lassen, denn dies würde eine sehr genaue Arbeit erfordern, die mit erheblichen Kosten verknüpft wäre, ohne irgendwelche Vorteile zu gewähren.

Die Maschinenzeichnung soll ferner formgerecht sein, d. h. der Konstrukteur hat die Zeichnung so anzufertigen, wie der Modelltischler das Modell ausführen wird, um dem Former die Arbeit zu erleichtern. Die Zeichnung nach Abb. 57a ist unrichtig, weil sie auf ein leichtes Ausheben des Modelles aus der Form keine Rücksicht nimmt. Die Zeichnung setzt sich aus senkrechten und wagerechten Linien zusammen, wie es die Arbeit mit Winkel und Schiene ergibt. An diesem Lagerbock ist zu bemängeln, daß die Sohlplatte auf die Länge von 300 mm genau winklig gehalten, die Stärke von 25 mm gleichmäßig beibehalten, die Nabe von 145 mm Durchmesser genau zylindrisch, die mittlere Rippe gleichmäßig 18 mm stark ist, und daß an der Sohlplatte runde Augen anstatt Schraubenlapper angebracht sind. Ein Modell mit genau senkrechten Wänden läßt sich aber nur sehr schwer ohne Verletzung der Form ausheben. Diese Arbeit wird durch konisch gehaltene Wandstärken ganz bedeutend vereinfacht. Das Konischhalten sollte man aber nicht völlig dem Modelltischler überlassen, sondern bereits auf der Zeichnung durch Maße festlegen, wie es die Abb. 57 zeigt. Daselbst sind alle in den unteren Formkasten gehenden Teile gut konisch gehalten, und statt der runden Augen sind konisch verlaufende Lapper vorgesehen, welche am Modell fest angebracht werden. Wenn die Scheiben für die runden Augen immer mit Schwalbenschwanzführung versehen würden, so wäre gegen ihre Anwendung nichts einzuwenden. Gewöhnlich steckt aber der Modelltischler die Scheiben mit einem Stift fest. Der Former muß alsdann beim Einstampfen des Modelles diesen

Stift aus der Scheibe ziehen. Hierbei kann es nun leicht vorkommen, daß sich die Scheiben bei zu starkem Aufstampfen versetzen. Werden aber an Stelle der runden Augen die konisch verlaufenden Lapper gewählt, so ist gleich das Einformen des Modelles berücksichtigt; außerdem kann ein Versetzen der Lapper nicht eintreten.

Aber auch die vorhandenen Werkzeuge und Werkzeugmaschinen, die zur Bearbeitung der Werkstücke dienen, haben Einfluß auf die Konstruktion und die Ausführung der Zeichnung.

Sollen z. B. Nuten in Wellen durch einen hinterdrehten Fräser von der Breite der Nut hergestellt werden, so müssen die Nuten an den Enden auslaufen (Abb. 85). Werden die Nuten dagegen auf der Langlochfräsmaschine mit dem Fingerfräser hergestellt, der einen Durchmesser gleich der Breite der Nut hat, so muß die Nut nach Abb. 86 dargestellt werden.

5. Zeichnungsanordnung zwecks Ermöglichung einer Kontrolle.

Vielfach kann man die Zeichnung so ausführen, daß durch die Art und Weise der Anordnung der einzelnen Maschinenteile gleichzeitig eine Kontrolle für richtige Abmessungen gegeben wird.

Zu diesem Zwecke wird z. B. beim Zeichnen einer Stopfbüchse die Stopfbuchsbrille in eben ansetzender Stellung (Abb. 16) gezeichnet. Diese Stellung kommt im betriebsmäßigen Zustande nicht vor; sie gestattet aber nachzuprüfen, ob die Stopfbuchsschrauben lang genug gewählt sind.

Beim Zeichnen eines Dampfzylinders wird häufig der Kolben in der Endlage in den Zylinder eingetragen, weil man alsdann sofort ersehen kann, wieviel Spiel zwischen Deckel und Kolbenwand vorhanden ist.

6. Arbeitsgang bei der Anfertigung der Originalpause.

Die Werkzeichnungen werden in der Regel auf Zeichenpapier, das kräftig genug ist, um vielfache Korrekturen zuzulassen, in Blei ausgeführt; und zwar zeichnet man die Linien zunächst nur leicht vor, damit sie bei Abänderungen leicht ausradiert werden können. Zum Übertragen der Maße bedient man sich bei Zeichnungen in natürlicher Größe möglichst wenig des Zirkels, sondern besser des Anlegemaßstabes, den man auf das Zeichenblatt legt und das abzutragende Maß durch feine Bleistiftstriche markiert. Alsdann werden die Konstruktionslinien mit Hilfe der Reißschiene oder des Dreiecks gezogen.

Soll ein Maschinenteil auf dem Zeichenbogen dargestellt werden, so teilt man zunächst den Zeichenbogen derart ein, daß alle zur erschöpfenden Darstellung des Maschinenteiles erforderlichen Risse auf demselben Platz finden. Alsdann legt man die Mittellinien fest, wobei auf richtiges Projizieren zu achten ist, und entscheidet sich für die Wahl von Schnitten oder Ansichten.

Kommen sowohl Schnitte als auch Ansichten vor, so sind die Schnitte stets zuerst zu zeichnen. Dabei ist von der Mittellinie auszugehen und die Figur von innen nach außen zu entwickeln. Seitenriß und Grundriß sind Hand in Hand mit dem Aufriß zu zeichnen, derart, daß entsprechende Punkte des einen Risses wagerecht oder senkrecht in den anderen Riß hinübergenommen werden.

Die Bleizeichnungen werden in den Konstruktionsbureaus gewöhnlich auf darüber gespanntes Pauspapier oder auf Pausleinen mit schwarzer Tusche kopiert.

Wird die Originalpause auf Pausleinwand ausgeführt, so erfolgt das Ausziehen auf der glatten Seite der Pausleinwand, während die matte als Rückseite gilt. Falls die Tusche von der Leinwand nicht sofort anfgenommen werden sollte, so empfiehlt es sich, die Leinwand mit etwas Kreidepulver zu bestäuben und dann mit einem sauberen Tuche abzureiben.

Beim Ausziehen empfiehlt es sich, folgende Reihenfolge anzuwenden:

1. Mittellinien.
2. Große Kreise, dann kleine Abrundungen und schließlich Kurven.
3. Sichtbare gerade Kanten, und zwar zuerst die sich an die Kreise anschließenden Geraden.
4. Unsichtbare Kanten.
5. Maßhilfslinien.
6. Maßlinien.
7. Maßpfeile.
8. Maßzahlen.
9. Schraffieren der Schnitte.
10. Anfertigung der Stückliste und Beschriftung des Bogens.

Um ein Verwischen der noch nicht angetrockneten Tuschlinien zu vermeiden, fange man beim Ausziehen der geraden Kanten bei den horizontalen links oben an und ziehe sie der Reihe nach bis unten hin aus. Dann ziehe man mit Hilfe des Winkels ebenso alle Vertikalen von links beginnend nach rechts.

Die Schraffur zur Kennzeichnung von Schnittflächen wird bei Pausen häufig auf der Rückseite der Zeichnung ausgeführt.

Sind infolge von Änderungen Tuschlinien zu entfernen, so geschieht das Radieren der Tuschlinien am besten mit einem scharfen Radiermesser, nachdem man unter die betreffende Stelle des Zeichenbogens einen Holzwinkel gelegt hat. Erst dann geht man leicht mit einem Tuschgummi darüber. Von den so hergestellten Originalpausen werden alsdann Lichtpausen gefertigt, und zwar negative — Blaupausen — oder positive — Weißpausen.

Lichtpausen, die sehr oft gebraucht werden, kann man auf Leinwand aufziehen und durch einen Anstrich mit Zaponlack vor Beschmutzen schützen.

Die für die Werkstatt bestimmten Blau- oder Weißpausen werden der besseren Handlichkeit wegen auf starken Pappkartons oder auf Blechtafeln, aufgeklebt, häufig auch noch an der Oberfläche mit einem Überzuge von Schellack zum Schutze gegen Schmutz und Staub versehen.

Änderungen auf Blaupausen lassen sich mit der sog. Korrekturtusche, das ist Ätzkali, oder wenn weiße Striche entfernt werden sollen, durch Übergehen mit Blaustift ausführen. Nach Anfertigung der Lichtpausen wird die Originalpause registriert und im Bureau sorgfältig aufbewahrt.

7. Farbe der Darstellung.

Die Originalzeichnungen sind in schwarzer Farbe auszuführen; sie müssen nach jeder Richtung hin so vollständig sein, daß auch in den Vervielfältigungen, wie Blaupausen und Weißpausen, andere Farben entbehrt werden können. Die Angabe des Materials durch Anwendung einer besonderen Schraffur oder durch farbige Darstellung der Schnittflächen soll vermieden werden. Nur bei komplizierten Rohrplänen und ähnlichen Zeichnungen, die in einer Farbe nicht klar und übersichtlich genug wirken, können zur Ermöglichung der Übersicht farbige Darstellungen angewendet werden.

Streng zu vermeiden sind in den Originalpausen blaue Linien, da die blaue Farbe lichtdurchlässig ist, so daß diese Linien auf den Lichtkopien überhaupt nicht oder nur blaß erscheinen würden.

Falls Schülerzeichnungen noch farbig ausgeführt werden sollen, so empfiehlt es sich, die Mittellinien in roter, die Kanten in schwarzer, die Maß- und Maßhilfslinien in blauer Farbe durchzuziehen. Falsch ist es, rote Maßlinien blau zu verlängern, um Maßlinien dazwischen setzen zu können. Die Maßlinien erhalten auch in diesem Falle eine Öffnung zur Aufnahme der Maßzahl.

Beim farbigen Anlegen, das möglichst schnell erfolgen soll, sind möglichst helle Farbtöne zu wählen. Man beginnt mit dem Anlegen oben und schreitet allmählich nach unten fort, wobei die Spitze des Pinsel den Umrissen zugekehrt sein soll, um ein Überfahren derselben nach außen zu vermeiden. Zu dunkle Stellen können durch Übergehen mit Wasser aufgehellt werden, während zu helle nach erfolgtem Trocknen nochmals angelegt werden können.

8. Besondere Einzelheiten.

Für die Bezeichnung der Schnittlage, für die kräftige, strichpunktierte Linien zu verwenden sind, sollen die großen Buchstaben: *A*, *B*, *C*, *D* usw. benutzt und so geschrieben werden, daß sie für den Betrachter von unten oder von rechts lesbar sind (Abb. 16).

Angaben über die Drehrichtung einer Welle sind nach Abb. 69 durch eine einfache Pfeillinie, senkrecht zur Achse, zu machen, solange diese sich innerhalb der Welle hinreichend anbringen läßt, sonst ist die Pfeillinie nach Art einer Schraubenlinie nach Abb 68 zu wählen.

Um prismatische Körper in der Seitenansicht sogleich von zylindrischen unterscheiden zu können, bezeichnet man die Begrenzungsflächen prismatischer Körper als ebene Flächen dadurch, daß man mit dünnen Linien die Diagonalen des auf dem Papier erscheinenden Rechtecks auszieht (Abb. 133 und 159).

Solange es keinen großen Aufwand an zeichnerischer Arbeit erfordert, ist die Rechts- und Linksausführung eines und desselben Gegenstandes gesondert zu zeichnen. Geschieht es nicht, so ist unzweideutig durch schriftliche Zusätze in der Stückliste darauf hinzuweisen und Klarheit zu schaffen; vor allem ist aber anzugeben, ob das Gezeichnete als Rechts- oder Linksausführung anzusehen ist.

Es ist z. B. zu schreiben: Teil 1. Zylinder nach Zeichnung, Teil 2. Zylinder nach dem Spiegelbild der Zeichnung, wodurch die Stücke eindeutig gekennzeichnet sind.

9. Angabe der Bearbeitung.

Die Angabe der Bearbeitung erfolgt in der Zeichnung durch Oberflächenzeichen. Diese sind an der Begrenzungslinie der zu bearbeitenden Flächen anzubringen, und zwar an der Seite, an der das Werkzeug Späne abnehmen soll.

Es können folgende Oberflächenzeichen angewendet werden:

Für Kratzen (Katzgrau)	~
für Schleifen	▽
für Schlichten	▽▽

Bei Drehkörpern genügt die Angabe für eine Seite. Die Oberflächenzeichen sollen dicht über der Linie stehen, die die zu bearbeitende Fläche darstellt, und zwar möglichst in der Nähe des zugehörigen Meßpfeiles, bei Platzmangel können sie auf der Verlängerung der Begrenzungslinie eingetragen werden (Abb. 92 und 95).

Bei Berührungsflächen zusammengezeichneter Teile ist das Oberflächenzeichen nur einmal anzubringen.

Erhält ein Maschinenteil allseitig die gleiche Oberflächenbeschaffenheit, so ist das Oberflächenzeichen neben den Gegenstand oder die Teilnummer zu setzen (Abb. 93). Die Oberflächenzeichen sind auch dann anzugeben, wenn die Bearbeitung bereits durch die Paßangabe bedingt ist.

Gewinde erhalten keine Bearbeitungszeichen. Bei kleineren Löchern, die entsprechend der Herstellungsart der betreffenden Erzeugnisse normal aus dem Vollen gebohrt oder gestanzt werden, und bei allen Löchern, die zufolge des Werkstoffes nur durch Bohren oder Stanzen erzeugt werden können, kann das Bearbeitungszeichen wegfallen, sofern nicht eine weiter gehende Bearbeitung (Reiben, Schleifen) erfolgen soll. Sollen dagegen in Gußstücken kleinere Löcher eingegossen werden, so ist das Wort „Eingießen“ unter die Maßlinie zu schreiben.

Zu beachten ist, daß im allgemeinen Maschinenbau fast alle Stahlteile ganz bearbeitet werden. Anders ist es z. B. im Feldbahnbau, wo jede unnötige Bearbeitung gespart wird.

10. Sonderbearbeitungsangaben.

Als Zeichen für Sonderbearbeitung sind Winkel von 60° mit einem verlängerten Schenkel zu verwenden. An den verlängerten Schenkel innerhalb des Winkels sind die Angaben für die Sonderbearbeitung zu schreiben (Abb. 88).

Im modernen Maschinenbau ist die Herstellungsgenauigkeit aller Teile, die zusammengefügt werden sollen, eine sehr große. Man bezeichnet das körperliche Verhältnis zweier zusammengefügter Teile mit dem Ausdruck Passung und versteht unter Sitz eine bestimmte Passung, die durch das kleinste und größte Spiel, bzw. Übermaß, beim Zusammentreffen der Grenzmaße von Welle und Bohrung auftreten kann. Da die Art der Passung sowohl für die Bearbeitung als auch für den Zusammenbau maßgebend ist, so muß sie in der Maschinenzeichnung angegeben sein. Man unterscheidet zwischen Bewegungs- und Ruhesitzen und kennzeichnet die Art der Passung durch folgende Zusatzbuchstaben, die hinter die Maßzahl gesetzt werden:

Laufsitz durch *L*, Gleitsitz durch *G*,
Festsitz durch *F*, Schiebesitz durch *S*.

11. Schrift.

Die Schriftzeichen technischer Zeichnungen müssen aus Linienzügen zusammengesetzt sein, die beim Lichtpausen, auch bei Überbelichtung, ausnahmslos und deutlich erscheinen. Die früher gebräuchliche Rund-

abcdefghijklmnopqrsßtuvwx
yz äöü

ABCDEFGHIJJKLMNOPQRSTU
VWXYZ ÄÖÜ

1234567890

VIII XV XIII

Verbunddampfmaschine
mit Kondensation

Schriftproben.

schrift und andere Schriftarten mit Haar- und Grundstrichen entsprechen diesen Anforderungen nicht in vollem Maße. Es ist daher vom Normenausschuß die schräge Blockschrift zur Beschriftung empfohlen worden, weil diese nur Grundstriche kennt und von jedermann mittels

Schablone oder freihändig nach kurzer Übung leicht und sauber ausgeführt werden kann. Die Blockschrift wird mit Hilfe der Bahrschen Schablonen, die von der Firma Filler, Berlin, Moritzstr. 18, vertrieben werden, oder mit Hilfe der Redisfeder der Firma Heintze & Blanckertz, Berlin, geschrieben. Für die Beschriftung finden durchweg die kleinen Buchstaben und großen Anfangsbuchstaben Verwendung.

Die Größe der Schrift muß der Größe und dem Charakter der Zeichnung Rechnung tragen. Für die Buchstaben und Ziffern der Schablonenschrift sind zweckmäßig die Höhen 5, 7, 10, 14 und 20 mm über der Schriftlinie zu wählen, während für handschriftliche Buchstaben und Ziffern die Höhen 2,5 und 3,5 mm anzuwenden sind. Zu beachten ist, daß der Buchstabe ß nicht durch *ss* zu ersetzen ist.

Die Höhe der kleinen Buchstaben *a*, *c*, *e* usw. beträgt jeweilig $^2/_3$ der Schrifthöhe des *b*, *d*, *l* usw. Als Schriftschräge ist der Winkel von 75° gewählt worden, der durch Zusammenlegen zweier Zeichendreiecke ($30^\circ + 45^\circ$) gebildet werden kann. Die Stärke der Linienzüge soll $^1/_8$ der Schrifthöhe betragen, ein Maß, das bei der kleinsten Handschrift ausreicht und bei der größten ohne Schwierigkeit beim Schreiben mit der Schablonenfeder ausführbar ist. Als Zeilenabstand gilt das 1,4fache der Höhe der großen Buchstaben.

Sehr wesentlich ist, daß die Maßzahlen groß und deutlich geschrieben werden, so daß man sie auch noch bei mittelmäßiger Beleuchtung gut zu lesen vermag. Sie sind in eine Lücke der Maßlinien derart einzutragen, daß sie von unten und von rechts lesbar sind.

Der Maßstab der Zeichnung darf auf keinem Zeichenblatt fehlen. Er ist im Schriftfeld am besten unter der Überschrift anzugeben. Alle davon abweichenden Maßstäbe sind daneben in kleiner Schrift anzuführen und bei den zugehörigen Darstellungen zu wiederholen.

12. Schriftfeld und Stückliste.

Das Schriftfeld und die Stückliste sind in der rechten unteren Ecke der Zeichnung mit der Erweiterung nach oben zu setzen. Im Schriftfeld ist alles zu vereinigen, was an allgemeinen Bemerkungen zur Zeichnung gehört. Schriftfeld und Stückliste sind in einem Abstand von 10 mm von der Kante der beschnittenen Lichtpause anzuordnen. Für die Beschriftung ist die schräge Blockschrift zu verwenden, und zwar für das Schriftfeld die 3,5 mm, für die Liste die 2,5 mm hohe Schrift.

Es können auch lose, von der Zeichnung getrennte Stücklisten ververwendet werden. Diese haben die gleichen Spalten der Zeichnungsstückliste und werden auf Blättern von der Größe 230×320 der Zeichnung beigefügt.

Die Stückliste enthält alle Angaben, welche nicht direkt aus der Zeichnung zu entnehmen sind, wie die anzufertigende Stückzahl, die Lieferzeiten, die Zugehörigkeit einzelner Teile und dgl. Sie unterrichtet den Betrieb darüber, was zu fertigen ist und in welcher Ausführung. Sie dient ferner zur Verteilung der Arbeiten in den Werkstätten, zur Kontrolle der fertigen und fehlenden Teile und als Unterlage für den Versand. Die Stückliste bildet also das Bindeglied zwischen den einzelnen Werkstätten und regelt zwangläufig die Erledigung der Aufträge.

Grundsätzlich muß jede Stückliste eines Auftrages alle, auch die kleinsten, für die Auftragsausführung erforderlichen Einzelteile enthalten, ferner Angabe darüber, ob das betreffende Stück vom Lager zu entnehmen oder von auswärts zu beziehen ist. Die Stückliste muß so eindeutig sein, daß keinerlei Irrtum und Zweifel über die gewählte Ausführung der einzelnen Teile möglich ist.

Jede Stückliste muß enthalten:

1. Die Nummern der einzelnen Teile, welche auf einem Zeichenblatt dargestellt sind, und zwar fortlaufend von 1 beginnend. Für die Teilnummern sind arabische Ziffern zu verwenden. Diese sind in die Zeichnung so einzutragen, daß das Bild durch die Ziffern nicht störend beeinflußt wird.
2. Die Stückzahl der für einen Auftrag anzufertigenden Teile.
3. Angabe der zur Verwendung kommenden Werkstoffe.
4. Kurze Benennung des Gegenstandes. Angabe, ob die Stücke auswärts bestellt sind, unter Anführung der Bestellnummer, oder ob sie vom Lager zu entnehmen sind, und unter welcher Lagernummer; ferner Modellnummer, ob Modell vorhanden, zu ändern oder neu zu fertigen ist.

Neben der Stückliste wird häufig auch die Bestellerliste auf die Zeichnung aufgetragen. Richtiger ist es jedoch, die Konstruktion streng von der Bestellung zu trennen. Alsdann ist der Zeichnung eine lose Bestellerliste beizufügen.

Für Schülerzeichnungen genügt eine vereinfachte Stückliste, wie sie die Abb. 118 und 159 zeigen.

Hat das Zeichenblatt die Lage: kurze Seite unten, so wird das Schriftfeld mit der Stückliste an der kurzen Blattkante rechts unten angeordnet.

13. Werkstoffe und ihre Bezeichnungen.

Der Werkstoff wird je nach der auszuführenden Stückzahl bei Einzelfertigung und bei Massenfertigung häufig aus wirtschaftlichen Gründen verschieden gewählt. Maschinenteile, die bei Massenfertigung aus Stahlguß gemacht wurden, wird man vielleicht bei Einzelfertigung zur Ersparung der Modellkosten aus dem Schmiedestück herausarbeiten, ebenso wie man andere Stücke, die bei Massenfertigung im Gesenk geschmiedet werden, bei Einzelfertigung zur Ersparung der Gesenkkosten aus Stahlguß machen wird.

In der Werkstoffbezeichnung herrscht die größte Mannigfaltigkeit. Man bezeichnet den Werkstoff mehr oder weniger allgemein z. B. Eisen, Flußeisen, Flußstahl, weicher, mittelharter, harter Stahl, Siemens-Martin-,Tiegelstahl, Maschinenstahl usw.

Der Deutsche Verband für die Materialprüfung hat die Zugfestigkeit als Unterscheidungsmerkmal für Eisen und Stahl festgelegt. Als Grenzzahl zwischen Flußeisen und Flußstahl wurde 50 kg/qmm und zwischen Schweißeisen und Schweißstahl 42 kg/qmm gewählt.

Für die Bezeichnungen weicher, mittelharter und harter Stahl sind jedoch allgemein anerkannte Grenzwerte zur Zeit noch nicht vereinbart.

Häufig fügt man auch der Werkstoffbezeichnung die Zugfestigkeitswerte hinzu, z. B. Martinstahl 50/18, d. h. 50 kg pro qmm Festigkeit und 18% Dehnung. Die Bezeichnung Martinstahl 50/18 legt die Erzeugungsart und die Festigkeit und Zähigkeit gegen ruhende Zugbeanspruchung fest, was für viele Zwecke genügt.

14. Abkürzung der Werkstoffbezeichnung.

Um Schreibarbeit zu ersparen, empfiehlt es sich, in der Stückliste eine abgekürzte Werkstoffbezeichnung zu gebrauchen. Die Abkürzung muß leicht verständlich sein und darf nicht mit chemischen Formeln übereinstimmen.

Die DI-Normen empfehlen folgende Abkürzungen, und zwar ohne Punkte und Bindestriche:

Eisen	E	Tiegelstahl. . .	Tg	Bronze. . . .	Br
Stahl	St	Elektrostahl . .	El	Phosphorbronze	PhBr
Schweißeisen .	SchwE	Chromnickelstahl	CrNiSt	Rotguß . . .	RotG
Schweißstahl .	SchwSt	Kupfer	Ku	Gelbguß . . .	GelbG
Thomasstahl. .	Th	Guß	G	Messing . . .	Ms
Bessemerstahl .	Bss	Gußeisen . . .	GE	Weißmetall . .	WMt
Siemens-Martin-stahl. . . .	SM	Stahlguß . . .	StG	Flußeisen. . .	FlE
		Temperguß . .	TG		

15. Bleizeichnungen.

Wenn eine Zeichnung nur in Blei ausgeführt werden soll, so sind die Kanten mit hartem Bleistift scharf nachzuziehen. Ferner sind alle Maßzahlen und Maßpfeile, sowie die Aufschrift in schwarzer Tusche nachzutragen. Die Schnitte werden mit Blei- oder Farbstift schraffiert.

16. Das Lesen der Zeichnungen.

Das Lesen der Zeichnungen erfordert ein richtiges und genaues Sehen; nur dann kann man vom Körper eine genaue Formvorstellung gewinnen. Insbesondere dürfen gestrichelte Linien nicht für volle angesehen werden. Beachte die Unterschiede der Form bei den in den Abb. 42 und 45—51 dargestellten Körpern.

IV. Das Einschreiben der Maße.

1. Hauptregeln der Maßeintragung.

In die Maschinenzeichnung werden nur die Abmessungen des fertig bearbeiteten Werkstückes eingetragen, dagegen werden die für die Bearbeitung erforderlichen Materialzugaben in der Zeichnung nicht angegeben, da die Größe dieser Zugaben den Arbeitern von der Betriebsabteilung mitgeteilt wird.

Eine Ausnahme hiervon kommt nur bei Schmiedestücken vor, die roh geliefert werden sollen.

Haupterfordernis der Werkzeichnung ist, daß sie alle Maße und Angaben enthält, die für die Herstellung des Werkstückes notwendig sind. Der Arbeiter darf keine Maße mit dem Zollstock von der Zeichnung abmessen, sondern soll aus den eingetragenen Maßen alles Erforderliche entnehmen können. Vollständigkeit und Richtigkeit sämtlicher Maße, bei größter Wahrung der Deutlichkeit der Zeichnung sind die Hauptgesichtspunkte, die beim Maßeinschreiben zu beachten sind.

Der Konstrukteur versetze sich in die Lage des Arbeiters, der den gezeichneten Gegenstand nach der Zeichnung herstellen soll und überlege, welche Abmessungen bei der Herstellung gemessen werden müssen. Zu diesem Zwecke ist es wichtig, sich zunächst über die Grundformen des Körpers Klarheit zu verschaffen.

Die Grundformen räumlicher Gebilde sind immer nach drei Hauptrichtungen: Höhe, Länge und Breite oder Dicke zu bestimmen, und jenen entsprechend werden die einfachen Körper gewöhnlich durch drei Maße bestimmt.

Bei einigen Körpern ist aber die Anzahl der erforderlichen Maße eine andere. So verlangt das in Abb. 39 dargestellte Prisma zur vollständigen Bestimmung vier Maße, während das in Abb. 40 dargestellte Prisma schon durch zwei Maße bestimmt ist, und für die Kugel braucht man sogar nur ein Maß, den Durchmesser, einzutragen.

Alle zylindrischen, gedrehten oder überhaupt symmetrischen Körper erhalten in allen Ansichten durch ihre Mitte gezogene Mittellinien. Diese bilden nicht nur die Grundlage für die ganze Zeichnung, indem von ihnen aus die Maße abgetragen werden, sie bilden auch für das Einschreiben der Maße die Grundlage, indem auf sie alle Baumaße bezogen werden.

2. Brauchbarkeit der Maße.

Die wichtigste Regel, die beim Maßeinschreiben zu beachten ist, lautet: Sämtliche für die Herstellung des Werkstückes erforderlichen Maße müssen so eingeschrieben werden, daß jeder Irrtum ausgeschlossen ist, und daß sie der Arbeiter ohne Umrechnung benutzen kann.

Danach ist zunächst darauf zu achten, daß ohne Ausnahme sämtliche für die Bearbeitung erforderlichen Maße in die Zeichnung eingeschrieben werden. Es ist nicht zulässig, daß der Arbeiter fehlende Maße aus der Zeichnung mit dem Zollstock abmißt, sondern die eingeschriebenen Maßzahlen sollen abgelesen und auf das Werkstück übertragen werden. Dies ist wichtig, weil für die Ausführung des Werkstückes nur die in der Zeichnung eingeschriebenen Maßzahlen, nicht aber die gezeichneten Abmessungen maßgebend sind.

Um jeden Zweifel darüber, auf welche Abmessungen sich die Maßangabe bezieht, von vornherein auszuschließen, vermeide man die Eintragung von Maßen in allen denjenigen Projektionen, in denen die

Körperkanten verkürzt, also nicht in ihrer wahren Länge erscheinen. Ist dies nicht möglich, wie beim Riderschieber, so pflegt man die Maße in die Abwicklung einzutragen.

Außer den eigentlichen Ausführungsmaßen sind in die Zeichnung noch gewisse Maße einzutragen, die zwar nicht für die Bearbeitung, wohl aber für das Anreißen des Werkstückes und für die Montage desselben mit anderen in Betracht kommen. Hierzu gehören z. B. bei Wellen die Abstände der Lagermitten voneinander, bzw. von den Mitten der auf den Wellen sitzenden Räder und Scheiben.

Das Einschreiben der Maße in die Zeichnung muß so geschehen, daß sie der Arbeiter ohne Umrechnung benutzen kann, weil dem Arbeiter beim Umrechnen leicht Rechenfehler unterlaufen können. Um aber die für den Arbeiter brauchbaren Maße in die Zeichnung einschreiben zu können, muß der Konstrukteur genau beachten, in welcher Reihenfolge, auf welchen Maschinen und mit welchen Werkzeugen die Werkstücke bearbeitet werden.

Die Maße sind vom Konstrukteur in derselben Reihenfolge in die Zeichnung einzutragen, in welcher sie der Anreißer auf das Werkstück aufträgt.

Das Anreißen der Werkstücke geschieht in folgender Weise: Der Anreißer bestreicht zunächst die Werkstücke mit weißer Farbe und reißt alsdann zuerst sämtliche Hauptmittellinien an. Von diesen ausgehend werden darauf alle Zeichnungsmaße nach rechts und links übertragen.

Zuweilen ist die Kenntnis der für die Bearbeitung des Werkstückes in Frage kommenden Werkzeugmaschine und des Werkzeuges für die Anfertigung der Zeichnung und für das richtige Maßeintragen von Wichtigkeit. Dies zeigen z. B. die Abb. 85 und 86, in welchen genutete Wellen dargestellt sind, und zwar ist die eine Nut auf der Fräsmaschine mit Hilfe eines hinterdrehten Fräsers, der dieselbe Breite wie die Nut hat, hergestellt, während die andere Nut mit Hilfe eines Fingerfräsers erzeugt ist.

Auch die Reihenfolge, in der die Bearbeitung des Werkstückes erfolgt, ist zuweilen wichtig, da oft nur durch eine bestimmte Arbeitsfolge bei der Herstellung die Gewißheit dafür gegeben ist, daß das Werkstück lehrenhaltig und austauschbar wird. Wenn der Dreher bei der Herstellung der in Abb. 50 dargestellten Spindel zuerst die ganze Länge von A bis B andreht und dabei auf das noch innerhalb der Toleranz liegende Maß 99,75 kommt, was zulässig ist, so wird die Spindel Ausschuß, wenn das eine Ende 50,1 und die Ausdrehung 20,05 ausfällt, denn es bleibt in diesem Falle für das letzte Stück nur noch: $99{,}75 - 50{,}1 - 20{,}05 = 29{,}6$, während das Minusgrenzmaß nur 29,9 sein darf.

Wenn man der Werkstatt aber vorschreibt, wie die Arbeitsstufenfolge sein soll, nämlich:

1. Arbeitsstufe:	Andrehen der Länge	$50 \pm 0{,}1$
2. „	Ausdrehen des Einstiches	$20 \pm 0{,}05$
3. „	Andrehen der Länge	$30 \pm 0{,}1$,

so wird die Gesamtlänge der Spindel 100 ± 0,25 in allen Fällen eingehalten werden, wenn die Einzelmaße innerhalb der Toleranz bleiben.

Aber auch auf die Art der Zeichnung ist beim Maßeinschreiben Rücksicht zu nehmen. Man unterscheidet:

Werkzeichnungen,
Zusammenstellungszeichnungen für Montierungszwecke,
Fundamentpläne,
Rohrpläne,
Schematische Gesamtzeichnungen usw.

Da die Arbeiten, die auf Grund dieser Zeichnungen auszuführen sind, sich voneinander wesentlich unterscheiden, so müssen auch die Maße diesen verschiedenen Arbeiten entsprechend eingetragen werden. Während die Werkzeichnungen sämtliche für die Bearbeitung erforderlichen Maße enthalten müssen, sind z. B. in die Montagezeichnungen vorwiegend nur die Aufbaumaße einzuschreiben.

3. Deutlichkeit und Leserlichkeit der Maßzahlen.

Außer auf die Vollständigkeit und Richtigkeit der Maßzahlen kommt es auch auf die Deutlichkeit und Leserlichkeit der Maße an. Die Eintragung der Maße muß so erfolgen, daß Unklarheiten vermieden werden, und daß auch die Schönheit und Deutlichkeit der Zeichnung keine Einbuße erleidet.

Für das Eintragen der Maße in die Zeichnung gilt die Hauptregel: Die Maße müssen leicht sichtbar und dort zu finden sein, wo man sie bei der Ausführung naturgemäß sucht.

Wichtig ist, daß die Hauptmaße hervortreten; zu dem Zwecke müssen sie an einer besonders auffallenden Stelle eingetragen werden.

Hauptmaße sind beim Zylinder: Bohrung und Kolbenhub, beim Lager: Bohrung, Länge der Lagerschale und Lagerhöhe. Hat der Körper mehrere Achsen, so zählen zu den Hauptmaßen auch die Entfernungen der Achsen unter sich und von den zu bearbeitenden Flächen.

Zusammengehörige Maße sind in Gruppen zusammenzufassen, damit sie leicht zu finden sind. Einzelmaße für Längen trägt man zweckmäßig auf einer geraden Linie fortlaufend hintereinander ein, jedoch nur dann, wenn sich die Maße auf ein und dasselbe Stück beziehen (Abb. 63).

Durchmessermaße sind möglichst in die Längsansicht zu setzen und alsdann mit einem Durchmesserzeichen zu versehen.

Maßlinien, die das Zeichenbild undeutlich machen würden, sind aus der Figur herauszuziehen (Abb. 58). Ferner empfiehlt es sich im Interesse der Deutlichkeit, die Maße für hintereinanderliegende Absätze an einem Werkstück nicht stufenförmig zueinander versetzt, sondern möglichst in einer Linie hintereinanderlaufend einzutragen (Abb. 63 und 63a).

Sind mehrere parallele, untereinander angeordnete Maßlinien in der Zeichnung vorhanden, so sind die Maßzahlen, der besseren Übersicht wegen, versetzt zueinander einzuschreiben (Abb. 62 und 62a).

58
58a
unnötige Projektion.
59
falsch.
60
60a
falsch.
61
61a
falsch.
62
62a
falsch.
63
63a
falsch.
64

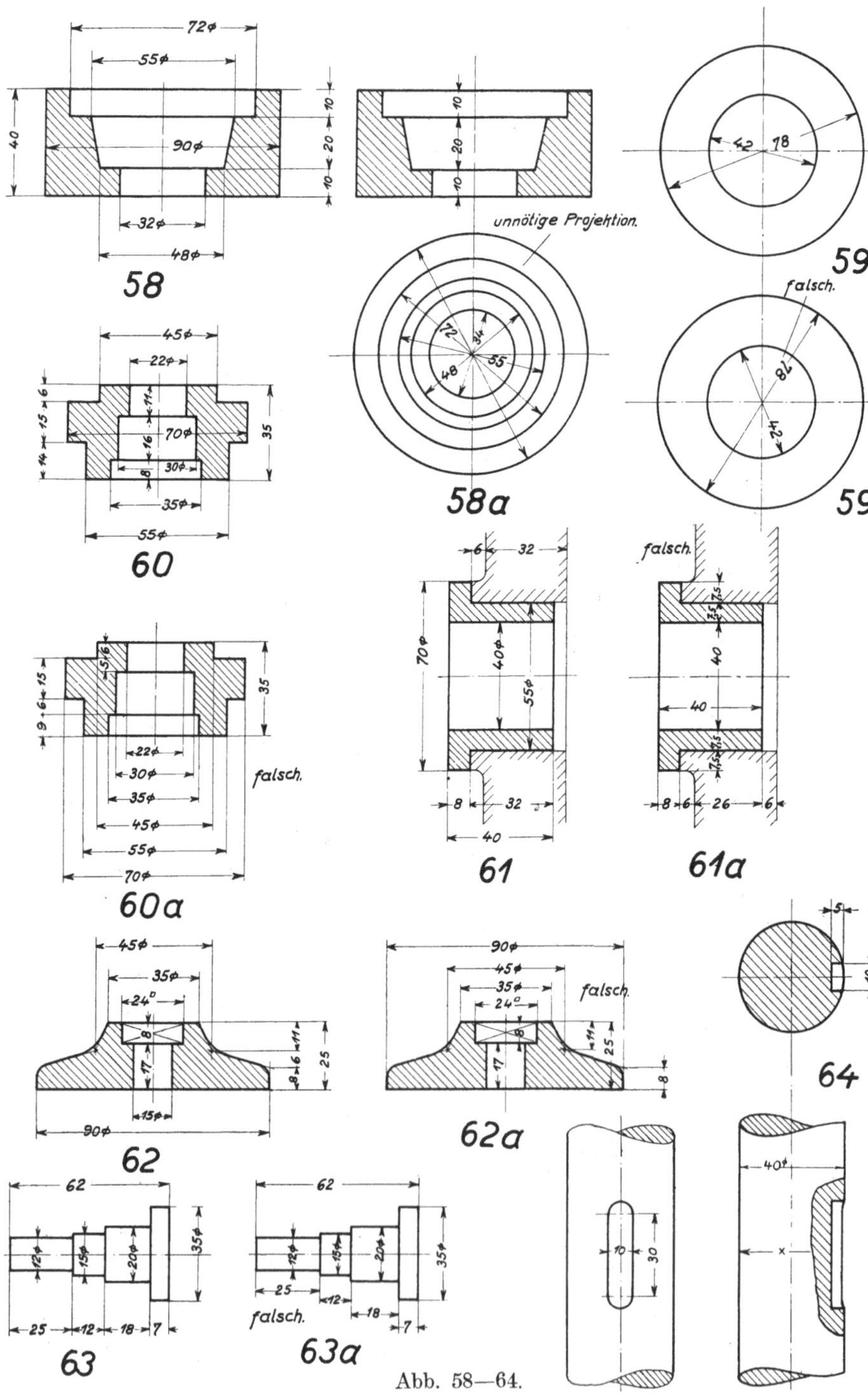

Abb. 58—64.

4. Beschränkung in der Anzahl der Maße.

Da sehr viele Maßlinien das Zeichenbild unleserlich machen können, so ist jedes Maß in der Regel nur einmal einzutragen. Das Wiederholen von Maßen in mehreren Ansichten kommt gewöhnlich nur bei Hauptmaßen vor; es ist nur dann empfehlenswert, wenn die Zeichnung dadurch verständlicher wird. Im allgemeinen pflegt man aber ein öfteres Eintragen desselben Maßes schon deswegen zu vermeiden, weil bei vorkommenden Maßänderungen alsdann leicht eine Maßzahl übersehen werden kann.

Wenn auch alle für die Bearbeitung des Werkstückes erforderlichen Maße in die Zeichnung eingetragen werden müssen, so ist andererseits das Einschreiben von überflüssigen Maßen zu vermeiden, weil sie die Zeichnung undeutlich machen würden. So werden z. B. bei symmetrischen Stücken keine Maße wiederholt, um hierdurch auf die Symmetrie hinzuweisen (Abb. 101). Bei unsymmetrischen Stücken gilt das Entgegengesetzte.

Auch bei allen Werkstücken mit vielen gleichen Elementen, wie Schrauben, Bohrungen usw., sind die Maße nur einmal an auffallender Stelle einzutragen.

Kreuzt eine Mittellinie die Maßlinie zweier Kanten unter einem rechten Winkel, so bedeutet dieses, daß die Mittellinie das Maß halbiert. Es ist in diesem Falle nicht erforderlich, die Maßlinie zu teilen und zwei gleiche Maße einzutragen.

Bei normalisierten Teilen sind nur diejenigen Maße anzugeben, mit Hilfe deren man die Teile aus dem Vorrat heraussuchen kann, ferner alle Maße, die bei der Montierung dieser Teile in Frage kommen.

So sind bei den Schrauben die ganze Schraubenlänge, die Gewindelänge und die Gewindestärke anzugeben. Alle anderen Maße, wie Kerndurchmesser des Gewindes, und die Maße für die Muttern und Köpfe werden nicht eingetragen, außer wenn sie von den normalen Formen abweichen. Auch die Stärke des gedrehten Schaftes gibt man nur dann an, wenn die Schrauben eingepaßt werden sollen. Ebenso werden alle nach Normalien hergestellten Teile, wie Unterlegscheiben, Nietköpfe usw., nicht mit Maßen versehen.

Fortzulassen sind auch alle überflüssigen Maße. Hierzu gehören alle diejenigen Maße, durch welche der Körper überbestimmt wird. Z. B. ist in Abb. 41 das Maß X fortzulassen, da dieses sich bei der Herstellung des Werkstückes von selbst ergibt. Will man das Maß aber eintragen, so sollte man es nicht mit dem Maßstab auf der Zeichnung abgreifen, da dieses Verfahren zu ungenau ist, sondern es durch Rechnung ermitteln. Die Rechnung wird dann aber in der Regel keine ganze Zahl ergeben. In gleicher Weise darf die Lage des Mittelpunktes von Anschlußkreisen nicht durch Maße festgelegt werden, wenn die Lage der durch die Anschlußkreise verbundenen Linien bereits durch Maße bestimmt ist (Abb. 105 und 105a), weil auch in diesem Falle eine Überbestimmung eintreten würde. Eine Beschränkung in der Anzahl der Maße kann vielfach bei Gußstücken Anwendung finden, deren

Wandungen konisch verlaufen. Kommen mehrere konisch zulaufende Wände an einem Gußstücke vor, wie in Abb. 66, so genügt es, die Konizität seitlich einmal anzugeben und durch gerade Linien auf die schrägen Kanten Bezug zu nehmen.

Blechdicken können ohne Maßlinien in den Hauptflächen der Bleche (Abb. 101), rechteckige Querschnitte nach Abb. 35 angegeben werden. Profilangaben werden in oder neben den Stab gesetzt (Abb. 87).

Bei Lochteilungen können längere Maßketten mit gleicher Maßzahl durch Angabe nach Abb. 96 und 97 vermieden werden. Sind nur wenige Nieten hintereinander angeordnet, so ist die Einzeleintragung nach Abb. 87 jedoch vorzuziehen.

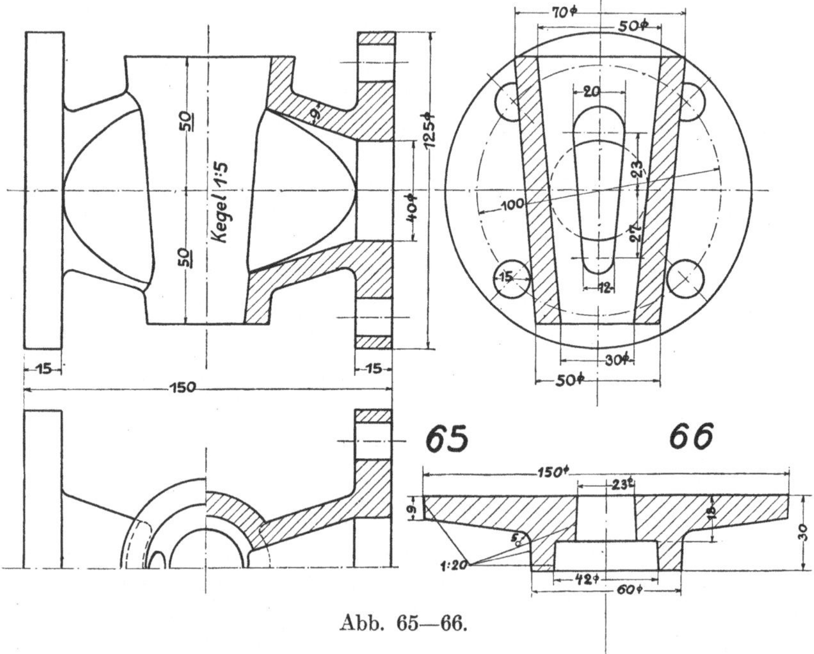

Abb. 65—66.

Werden in die Zeichnung Teile eingetragen, die nur den Zusammenbau erklären sollen, ohne ausgeführt zu werden, so dürfen sie keine Maße erhalten.

Bei den Systemzeichnungen für Eisenkonstruktionen können die Maßzahlen auch ohne Maßlinien neben die Systemlinien geschrieben werden (Abb. 89).

5. Anordnung und Verteilung der Maße.

Ein schnelles Lesen der Zeichnung wird durch ein richtiges Maßeinschreiben wesentlich gefördert. Ist der Gegenstand in mehreren Ansichten gezeichnet, so erfolgt die Eintragung der Maße in derjenigen Ansicht, die über die Gestalt des Gegenstandes an der Maßstelle den klarsten Aufschluß gibt.

Soll in eine in der Längsansicht gezeichneten genuteten Welle der Durchmesser eingetragen werden, so wird man zweckmäßig die Maßlinie an einer Stelle der Welle einzeichnen, wo diese nicht durch die Nute geschwächt ist. Es könnte zu Irrtümern Anlaß geben, würde man z. B. die Maßlinie X in Abb. 64 eintragen. Läßt sich dies nicht umgehen, so ist an der Maßlinie der zweite Pfeil an der Stelle, wo die Welle durch die Nute geschwächt ist, fortzulassen.

Ist der Gegenstand in mehreren Projektionen dargestellt, so sind die Längen- und Höhenmaße möglichst in der Vorderansicht, die Breitenmaße in der Seitenansicht, oder Draufsicht einzutragen.

Zusammengehörige Maße müssen immer in Gruppen zusammengefaßt nebeneinander in derselben Projektion stehen, damit sie leicht zu finden sind. Der in Abb. 56 dargestellte Kegelstumpf ist z. B. durch zwei Durchmesser und die Höhe bestimmt. Diese drei Maße sind als zusammengehörig zu betrachten und sollen daher in derselben Ansicht stehen (Abb. 56). Es wäre falsch, sie auf zwei Projektionen zu verteilen (Abb. 56a).

Zu den zusammengehörigen Maßen zählen auch die Teilmaße und das Gesamtmaß eines Körpers. Sind dieselben aus der Figur herausgezogen, so sollen die Teilmaße stets näher an der Figur als das Gesamtmaß stehen, damit die Maßhilfslinien der Teilmaße die Maßlinie des Gesamtmaßes nicht durchkreuzen. Auch das Durchkreuzen von Maßlinien unter sich ist möglichst zu vermeiden.

Nebeneinander liegende Einzelmaße schreibt man auf einer geraden Linie fortlaufend hintereinander ein. Diese aneinander gereihten Maße (Maßketten) dürfen sich aber bei ineinander sitzenden Gegenständen nur auf den gleichen Teil beziehen (Abb. 102). Bei Hohlkörpern ist ferner darauf zu achten, daß Innen- und Außenmaße stets getrennt voneinander anzuordnen sind (Abb. 60).

Das Eintragen der Maße ist aber auch abhängig von dem für den Maschinenteil gewünschten Genauigkeitsgrad. Die Maße sind nach Abb. 107 einzutragen, wenn die Absätze und Löcher von der oberen und rechten Kante aus, nach Abb. 108, wenn sie von der linken Kante aus gemessen werden und nach Abb. 109, wenn es auf die genaue Einhaltung der Abstände von einer bestimmten Kante nicht ankommt.

Das Maßeintragen muß ferner in der Weise erfolgen, daß die Schönheit und Klarheit der Zeichnung durch das Eintragen der Maßlinien keine Einbuße erleidet. Man soll die Maße zweckmäßig über die Abbildung verteilen und es vermeiden, daß sich an einer Stelle der Zeichnung zu viele Maße anhäufen.

Liegen viele parallele Maßlinien untereinander symmetrisch zu einer Mittellinie, so wäre es falsch, alle Maßzahlen in der Mitte untereinander anzuordnen (Abb. 60a). In diesem Falle empfiehlt es sich, die Maßzahlen abwechselnd rechts und links von der Mittellinie einzutragen (Abb. 58).

Ferner sollte man es vermeiden, zu viele Kreismaße durch ein und denselben Mittelpunkt zu ziehen (Abb. 58a). Ist der Gegenstand in zwei Projektionen dargestellt, so wird man die Durchmessermaße möglichst in die Längsansicht einschreiben, muß dann aber hinter die Zahl ein Durchmesserzeichen setzen (Abb. 58).

Die Maßeintragung nach Abb. 111a ist nur bei großen Kreisen empfehlenswert; bei kleinen Kreisen ist die Maßeintragung nach Abb. 111 der besseren Übersicht wegen vorzuziehen.

Schraubenlöcher werden durch zwei aufeinander senkrecht stehende Mittellinien festgelegt (Abb. 101). Außerdem ist es notwendig, die Ent-

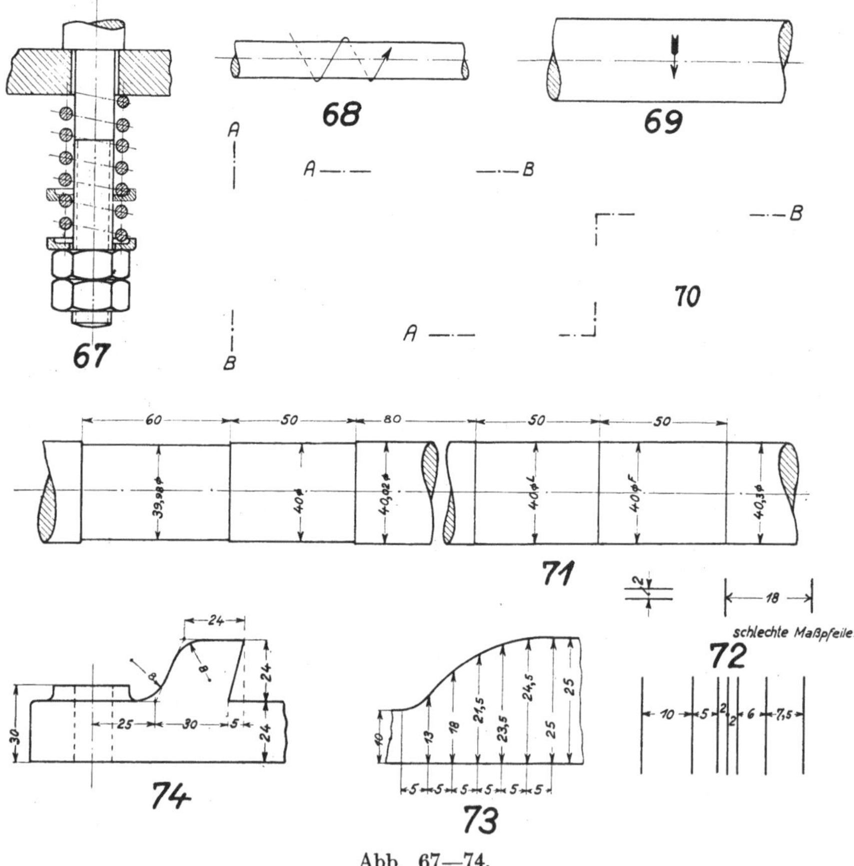

Abb. 67—74.

fernung dieser Mittellinien von anderen Mittellinien oder Kanten, welche die Grundlage der Maßeintragung bilden, kennen zu lernen. Sind die Löcher auf einen Kreis verteilt, so wählt man stets gleiche Teilungen. Der Lochmittelpunkt ist alsdann durch den Schnittpunkt des Kreises mit einer durch den Kreismittelpunkt gehenden Geraden festzulegen (Abb. 16). Die Winkel, welche diese Geraden mit dem Hauptachsenkreuz bilden, werden nicht eingetragen, weil es als selbstverständlich gilt, daß die Schrauben gleichmäßig über den Umfang verteilt sind.

Hat ein Körper abgerundete Formen, dann ist es zweckmäßig, die zu ergänzenden scharfkantigen Formen einzutragen und mit Maßen zu versehen (Abb. 74).

Bei kegeligen Teilen ist die Angabe „Kegel 1:k" parallel zur Mittellinie anzuordnen, auch wenn die Enddurchmesser und die Länge des kegeligen Teiles eingeschrieben sind (Abb. 65). Kegel 1:k bedeutet: Auf k mm verjüngt sich der Kegeldurchmesser um 1 mm.

Zuweilen werden kegelige Körper auch durch die Angabe der Konizität bestimmt. Unter der Konizität versteht man den Durchmesserunterschied auf die Länge 100 bezogen. Der Unterschied mache 2 aus. Die Konizität beträgt alsdann 2% oder als Verhältnis ausgedrückt: 2:100 = 1:50.

Bei Keilen mit Anzug ist die Steigung anzugeben. Steigt der Keil auf 100 mm Länge um 2 mm an, so beträgt die Steigung 2:100 = 1:50 oder 2%.

Die Maßangabe für Arme und Rippen, die sich nach einem Ende hin verjüngen, erfolgt in der Weise, daß man ihre Kanten bis zu einer durch Maße festgelegten Kante oder Mittellinie verlängert und dort die Breite angibt.

Bei Kurven müssen einzelne Punkte durch Maße festgelegt werden, so daß genaue Schablonen danach hergestellt werden können (Abb. 73).

Die Maße für Nuten in Wellen können nach Abb. 64, für Nuten in Naben nach Abb. 159 eingetragen werden.

6. Fehlerhafte Maße.

Ist der Maschinenteil symmetrisch, so sind die Maße stets auf die Mittellinien der Konstruktionsformen zu beziehen, weil diese auch in der Werkstatt vom Anreißer zuerst auf die unbearbeiteten Werkstücke aufgerissen werden.

Vor allem ist darauf zu achten, daß keine falschen Maße eingetragen werden. Fehlerhaft ist es, Maße auf Durchdringungslinien oder auf unbearbeitete Kanten zu beziehen. Ebenso falsch ist es, Maße einzutragen, die man am Körper direkt nicht messen, sondern nur durch Rechnung ermitteln kann.

Ein grober Fehler ist es ferner, Innen- und Außenmaße in eine Reihe zu stellen (Abb. 60a und 61a).

Schließlich muß noch vor dem Eintragen sinnloser Maße gewarnt werden, weil diese völlig wertlos sind.

Beim Einschreiben der Maßzahlen dürfen Schreib- oder Rechenfehler nicht vorkommen. Deshalb muß jede Maßzahl in der fertigen Zeichnung auf ihre Richtigkeit nachgeprüft werden. Insbesondere ist darauf zu achten, daß das Gesamtmaß gleich der Summe der Einzelmaße ist.

Bei Kegeln und auch bei Keilverbindungen lassen sich einzelne Maße nur durch Rechnung mit Hilfe von Proportionen ermitteln. Es wäre falsch, diese Maße mit dem Maßstab von der Zeichnung abgreifen zu wollen, weil dieses Verfahren viel zu ungenau ist.

7. Maßlinien.

Die Maßlinien sind dünne Linien, die durchzuziehen und für die Eintragung der Maßzahlen so zu unterbrechen sind, daß diese neben den Mittellinien, Körperkanten oder Maßhilfslinien Platz finden. Nötigenfalls ist die Mittellinie an der Maßstelle zu unterbrechen. Stehen mehrere Maßlinien eng aneinander, so sind die Lücken gegeneinander zu versetzen. Die Maßlinien sind an den Enden mit spitzen, dünnen und schlank geschlossenen Maßpfeilen zu versehen, deren Größe sich nach der Dicke der Körperlinien richtet (Abb. 112). Ist die Maßlinie sehr kurz, so setzt man die Maßpfeile nach außen, die Spitzen einander zugekehrt. Stehen mehrere kleine Maße nebeneinander, so können statt der Maßpfeile auch Punkte Anwendung finden (Abb. 72).

Bei gekürzten Maßlinien ist nur ein Maßpfeil anzuwenden (Abb. 64). Auch Halbmesser erhalten nur einen Maßpfeil am Kreisbogen. Der Mittelpunkt des Kreises ist durch einen kleinen Kreis zu kennzeichnen, der fortfallen kann, wenn schon ein Mittellinienkreuz vorhanden ist (Abb. 99 und 110). Fehlerhaft ist es, Mittellinien oder Kanten mit Maßpfeilen zu versehen und als Maßlinien zu benutzen (Abb. 32b). Auch darf man die Maßpfeile nicht mit dem Schnittpunkte von Mittellinien oder Umrißlinien zusammenfallen lassen (Abb. 110a).

Die Maße sind mittels Maßhilfslinien herauszuziehen, wenn sie nicht an den Körperkanten selbst angegeben werden können, oder wenn dadurch die Zeichnung an Klarheit gewinnt. Dabei ist darauf zu achten, daß die Maßlinie nicht zu dicht an die Körperkante herangesetzt wird (Abb. 32a).

Die Maßhilfslinien sind in der Regel senkrecht zur Maßlinie zu ziehen; sie sollen ein kurzes Stück über diese hinauslaufen. Bei schwachen Konen können ausnahmsweise die Maßhilfslinien unter einem Winkel von 60° zur Maßlinie herausgezogen werden, wenn dadurch die Zeichnung an Klarheit gewinnt (Abb. 82).

Die Maßhilfslinien sind ebenso wie die Maßlinien dünn durchzuziehen. Um die Deutlichkeit der Zeichnung nicht zu beeinträchtigen sind Durchkreuzungen von Maßlinien unter sich oder mit Hilfslinien möglichst zu vermeiden.

Ist ein symmetrischer Körper zur Hälfte im Schnitt, zur Hälfte in Ansicht, beide geteilt durch die Mittellinie dargestellt, so können die Maßlinien für die inneren Hohlräume, sofern deren zweite Kante nicht gestrichelt dargestellt ist, nur mit einem einzigen Pfeil versehen werden. In diesem Falle wird die Maßlinie etwas über die Mittellinie hinausgezogen und dort abgebrochen, während die Maßzahl bei Drehkörpern mit einem Durchmesserzeichen zu versehen ist (Abb. 103). Die Maßlinien für Sehnen sind nach Abb. 114, diejenigen für Bögen nach Abb. 113 einzutragen.

8. Maßzahlen.

In Maschinenzeichnungen werden sämtliche Maße in Millimetern, aber ohne Bezeichnung eingetragen; nur das Whitworthgewinde wird im englischen Zollsystem angegeben. Ein Zoll engl. ist gleich 25,4 mm.

Die Bezeichnung für Zoll wird durch zwei hochgestellte schräge Striche, jedoch ohne Haken unter den Strichen gekennzeichnet.

Gasgewinde wird durch den Zusatz *GG* hinter die Zollangabe gekennzeichnet, z. B. $\frac{7''}{8}$ *GG*.

Bei der Darstellung von Gußstücken wird weder in der Zeichnung, noch bei der Maßangabe auf das Schwindmaß oder auf die Bearbeitung Rücksicht genommen. Die Gußteile werden ebenso wie alle anderen im fertig bearbeiteten Zustande gezeichnet und mit den Fertigmaßen versehen. Der Tischler, welcher das Modell nach dem Schwindmaß anfertigt, gibt nach seiner Erfahrung die erforderlichen Zugaben für die Bearbeitung.

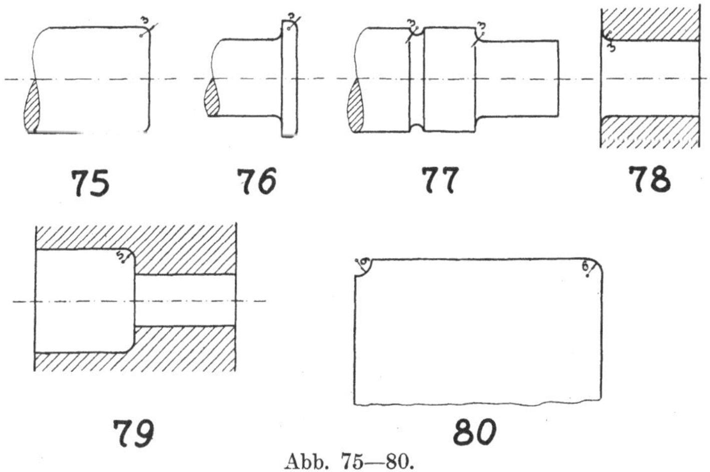

Abb. 75—80.

Die Ziffern der Maßzahlen sind gleich groß nach der Norm auf S. 25 zu schreiben. Ihre Größe soll der Größe und dem Zweck der Zeichnung entsprechen, doch empfiehlt es sich im allgemeinen, die Ziffern 2,5 und 3,5 mm groß zu machen.

Hat man beim Dimensionieren eines Werkstückes freie Hand, so bevorzugt man möglichst runde Maße, d. h. ganze Zahlen, die durch 5 teilbar sind. Z. B. 50 und 75 anstatt 49 und 77. Runde Maße sind für die Werkstatt bequemer und erleichtern die Kontrolle.

Besonderer Wert ist auf eine deutliche Schrift der Maßzahlen zu legen, da für die Herstellung des Werkstückes nicht die Zeichnung, sondern die Zahl maßgebend ist. Wird in einer Zeichnung nachträglich ein Maß geändert, die Zeichnung aber unverändert gelassen, so muß die geänderte Maßzahl unterstrichen werden, um Irrtümer zu vermeiden. Bei abgebrochen gezeichneten Teilen wird die Maßzahl jedoch nicht unterstrichen (Abb. 35).

Die Maßzahlen sollen da stehen, wo man sie am leichtesten findet und wo sie am deutlichsten sind. Daher dürfen sie nicht von einer Linie, z. B. einer Mittellinie, durchschnitten werden, sondern sollen links und rechts von derselben verteilt sein (Abb. 62). Auch dürfen die Maßzahlen nicht an der Kreuzungsstelle zweier Maßlinien stehen, weil alsdann leicht Zweifel entstehen könnten zu welcher Linie die Zahl gehört.

Die Maßzahlen sind senkrecht zu den Maßlinien in die Lücke zu stellen, von unten und von rechts lesbar (Abb. 74). Bei schrägen Maßlinien für Kreise ist die Maßzahl so zu stellen, daß sie aufrecht zur Maßlinie steht, wenn man sich diese über den spitzen Winkel in die wagerechte Lage gedreht denkt (Abb. 142).

Die Abb. 142 zeigt die Stellung der Maßzahlen in Abhängigkeit von der Maßlinienrichtung. In der schraffierten Winkelfläche von 30° sind Maße möglichst zu vermeiden, weil die senkrecht zur Maßlinie stehende Maßzahl alsdann schlecht zu lesen ist. Zuweilen, z. B. in Abb. 100, ist jedoch diese Stellung nicht zu vermeiden. In diesem Falle muß die Zahl von links her lesbar sein.

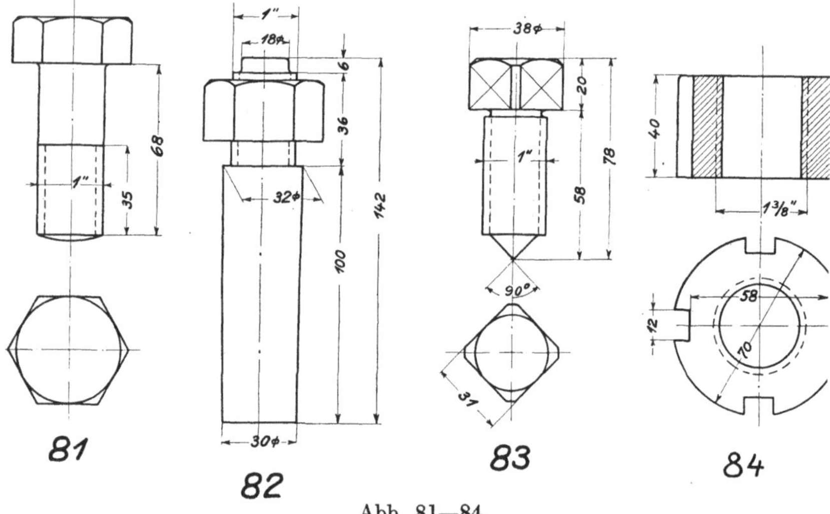

Abb. 81—84.

Abb. 143 zeigt die Stellung der Maßzahlen bei Angabe von Winkelgrößen.

Ist zwischen den Maßpfeilen kein Platz für die Maßzahl, so ist sie in die Nähe der Maßlinie zu schreiben, und zwar in der gleichen Schriftrichtung, wie sie in der Maßlinie stehen würde. Bezugslinien sind möglichst zu vermeiden. Ist aber ein Bezugszeichen erforderlich, so wählt man einen geraden Strich, der angibt, wohin die Zahl gehört (Abb. 72).

Alle Maße, die am Werkstück mit dem Taster gemessen werden, also alle Maße für den Dreher, sind stets als Durchmesser, nicht als Radien einzutragen.

Das Durchmesserzeichen ⌀ ist erhöht hinter die Maßzahl zu setzen. Da dasselbe über die Gestalt des Körpers Aufschluß gibt, so ist vielfach ein zweiter Riß entbehrlich (Abb. 58). In der Ansicht, die den runden Körper kreisförmig erscheinen läßt, fällt das Durchmesserzeichen fort, um die Zeichnung nicht durch überflüssiges Schreibwerk zu belasten (Abb. 59). Es ist jedoch hinzuzufügen, wenn die gekürzte Maßlinie nur einen Maßpfeil besitzt (Abb. 91).

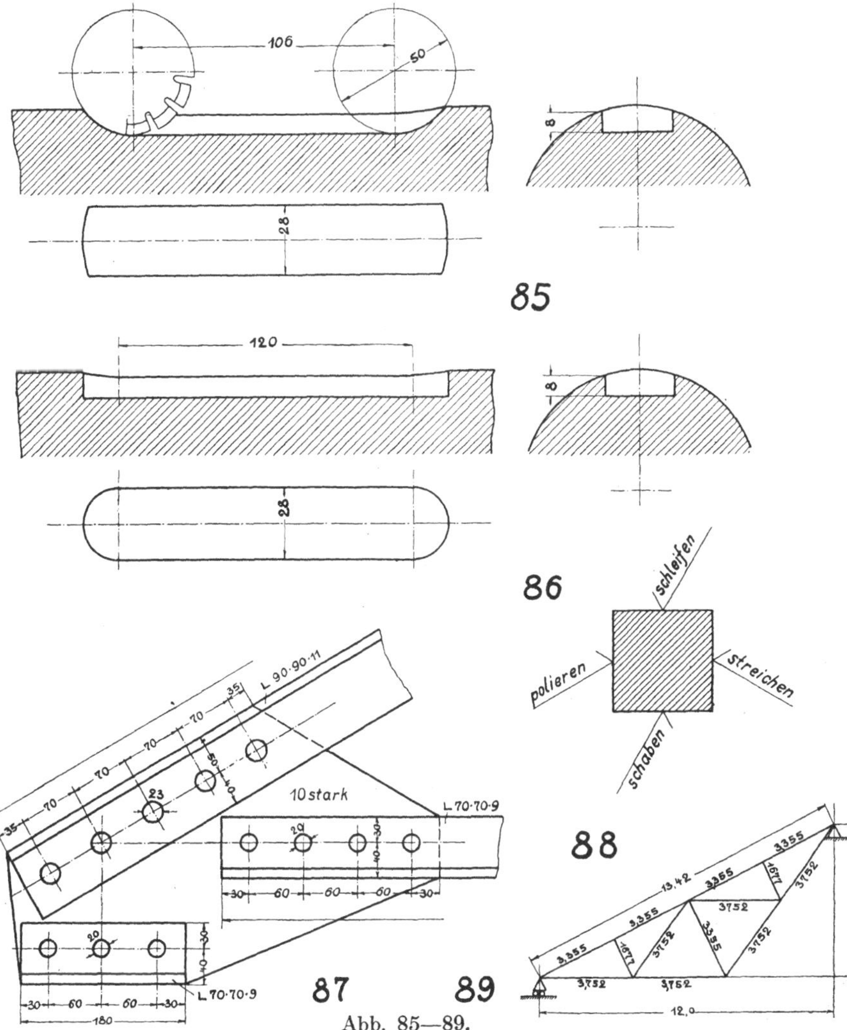

Abb. 85—89.

Wird bei einem Halbmesser die Maßlinie nicht bis zum Mittelpunkt gezogen, so ist der Maßzahl der Buchstabe *r* erhöht rechts hinzuzufügen (Abb. 90).

Zuweilen wird der Mittelpunkt eines Kreisbogens zwecks Maßangabe versetzt angedeutet. Alsdann ist die Maßlinie nach Abb. 90 gebrochen darzustellen.

Beim Einschreiben der Maßzahlen empfiehlt es sich, auch ganz nebensächlich erscheinende Maße, wie kleinere Abrundungsradien, Länge, Tiefe und Breite, von Schmiernuten usw. einzuschreiben. Stets einzutragen sind aber alle wichtigen Maße, dazu gehören auch die Abrundungsradien an Wellenbunden, die an Lagerschalen anlaufen, sowie die Abrundungsradien der Lagerschalen, da beide übereinstimmen müssen (Abb. 75—80).

Bei quadratischen Körpern ist das Quadratzeichen □ erhöht hinter die Maßzahl einzutragen, wodurch wiederum ein zweiter Riß entbehrlich wird (Abb. 35).

Sind rechteckige Köpfe nur in einem Riß dargestellt, so kann man beide Kantenlängen miteinander multipliziert als Maßzahl eintragen.

Zur vollständigen Maßangabe einer Maschinenzeichnung gehören ferner alle Angaben, die sich auf die Größe und Leistungsfähigkeit der Maschinen beziehen. So sind bei einer Dampfmaschine stets Zylinderdurchmesser, Hub, Umdrehungszahl in der Minute und Dampfdruck, bei einer Drehbank die Spitzenhöhe, die größte Spitzenweite und die größte minutliche Umdrehungszahl anzugeben. Bei Rohrleitungen ist die Angabe des Gefälles wichtig usw.

Bevor die Originalzeichnung vervielfältigt wird, muß sie sehr genau auf Richtigkeit nachgeprüft werden, und diese Kontrolle muß sich hauptsächlich auf die eingetragenen Maße erstrecken, denn ein falsches Maß kann das Werkstück Ausschuß werden lassen. So sind z. B. bei einer Welle sämtliche Teilmaße mit Rücksicht auf die gegebenen Lagerabstände zu kontrollieren, ferner ist zu prüfen, ob das Gesamtmaß gleich der Summe der Einzelmaße ist.

9. Maßangabe im Grenzlehrsystem.

Wenn in der Werkstatt nach dem Grenzlehrsystem gearbeitet wird, so sind bei zahlenmäßiger Angabe von Toleranzen die Abmaße rechts neben die Maßzahl, und zwar das obere Abmaß über, das untere Abmaß unter die Maßlinie zu schreiben. Sind beide Plus- oder Minusmaße, so sind sie nach Abb. 106 einzutragen. Das Abmaß 0 wird nicht eingeschrieben.

Beispiele:

$50^{+0,04}_{-0,02}$ heißt: nicht größer als 50,04, nicht kleiner als 49,98.

$50^{+0,03}$ heißt: nicht größer als 50,03, nicht kleiner als 50,00.

Bei den genormten Sitzen wird nicht der Zahlenwert, sondern nur das durch die Norm vorgeschriebene Zeichen des Sitzes angegeben. Bei der am meisten gebräuchlichen Feinpassung unterscheidet man 4 Sitze, nämlich Laufsitz, Schiebesitz, Gleitsitz und Festsitz und bezeichnet sie durch die erhöht hinter die Maßzahl gestellten Buchstaben L, S, G und F.

Im System der Einheitsbohrung wird die Bohrung mit B, die Welle mit der Sitzangabe bezeichnet. Im System der Einheitswelle erhält die Welle das Zeichen W und die Bohrung die Angabe des Sitzes. Beispiel: Arbeitet die Werkstatt nach dem Einheitsbohrungssystem, so wird bei einem Durchmesser von 45 mm die Bohrung mit $45\phi_B$ bezeichnet. In die zur Bohrung gehörige Welle sind für die 4 Sitze die Maße $45\phi_L$, $45\phi_S$, $45\phi_G$ und $45\phi_F$ einzutragen.

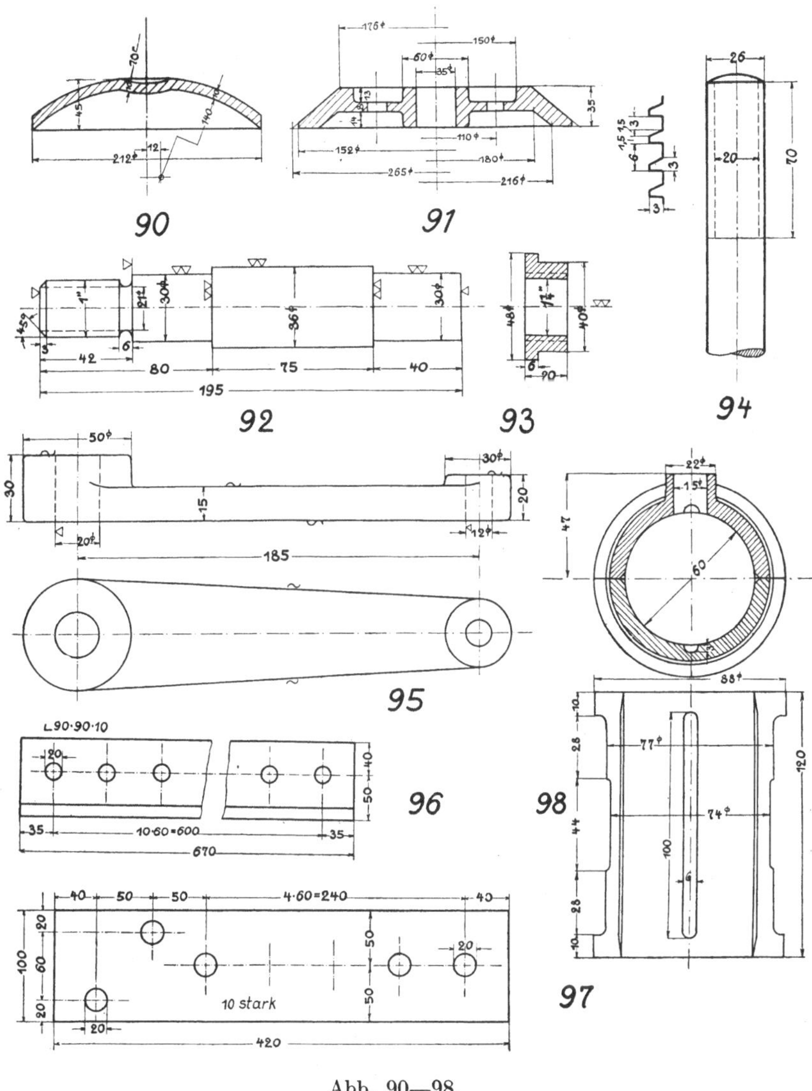

Abb. 90—98.

Arbeitet dagegen die Werkstatt nach dem Einheitswellensystem, so wird bei einem Durchmesser von 45 mm die Welle mit $45\phi_W$ bezeichnet. In die zugehörigen Bohrungen sind alsdann für die 4 Sitze die Maße $45\phi_L$, $45\phi_S$, $45\phi_G$ und $45\phi_F$ einzutragen.

10. Abkürzungen bei Maßangaben.

Bei Walzeisen wird in der Regel das Profil angegeben. Es bezeichnet z. B.

⊏ *NP* 20 = U-Eisen, Normalprofil 20 = 200 mm hoch.
I *NP* 20 = Doppel-T-Eisen, Normalprofil 20 = 200 mm hoch.
T 30 × 15 × 5 = T-Eisen 30 breit, 15 hoch, 5 stark.
∠ 60 × 60 × 6 = Gleichschenkliges Winkeleisen 60 hoch, 6 stark.
∠ 80 × 40 × 6 = Ungleichschenkliges Winkeleisen 80 breit, 40 hoch, 6 stark.
Flacheisen 100 × 5 = Flacheisen 100 breit und 5 stark.

V. Zeichnungsnormen.

1. Blattgrößen.

Als normale Papierrollenbreiten gelten in erster Linie die Maße 1000 und 500, in zweiter Linie 1400 und 700. Von diesen Maßen ausgehend, empfehlen die deutschen Industrienormen die Verwendung folgender Blattgrößen:

Unbeschnittenes Zeichenblatt mm	Beschnittene Lichtpause mm	Zeichenraum mm	Rand mm
1000 × 1400	960 × 1360	940 × 1340	10
700 × 1000	680 × 960	660 × 940	10
500 × 700	480 × 680	460 × 660	10
350 × 500	320 × 460	310 × 450	5
250 × 350	230 × 320	220 × 310	5
175 × 250	160 × 230	150 × 220	5
125 × 175	115 × 160	105 × 150	5
87 × 125	80 × 115	75 × 105	5

Diese Maße sind, abgesehen von einem Sprunge, so gewählt, daß sowohl die Glieder der fertigen Maßreihe, als auch die der Rohmaßreihe die Eigenschaft haben, daß jeweils ein Glied aus dem Nächstliegenden durch Halbieren oder Verdoppeln des Flächeninhalts hervorgeht, und daß die Formate untereinander angenähert geometrisch ähnlich sind, da ihre Seiten fast genau im Verhältnis $1:\sqrt{2}$ stehen.

Im allgemeinen sind die Zeichenblätter so zu verwenden, daß die lange Seite unten zu liegen kommt. Gegenstände, die jedoch im Verhältnis zu ihrer Breite sehr hoch sind, können so gezeichnet werden, daß die Zeichnung hochstehend (kurze Seite unten) gelesen werden kann.

2. Linienarten.

Die Linien der Zeichnung sind innerhalb der gegebenen Grenzen grundsätzlich so stark auszuziehen, wie es die Größe und Art der Darstellung irgend zuläßt, und zwar gleichmäßig stark bei allen im gleichen Maßstab gezeichneten Bildern eines Gegenstandes. Bei Zeich nungen im verkleinerten Maßstabe sind die Linienstärken dem Charakter der Zeichnung entsprechend, aber stets kräftig auszuführen (S. 46).

a) Voll ausgezogene Linien.

Alle sichtbaren Kanten und Umrisse sind in einer Stärke von 1,2÷0,3 mm stark durchzuziehen. Vollinien werden auch gewählt

1. für die Umrisse benachbarter Teile zur Andeutung des Zusammenhanges,
2. für Grenzstellungen bei Hebeln, Griffen, Kolben usw., ferner
3. bei Ansichten, zur Angabe von Querschnitten, die in die Zeichenebene gedreht sind, z. B. von Armquerschnitten bei Riemenscheiben (Abb. 17 und 18).

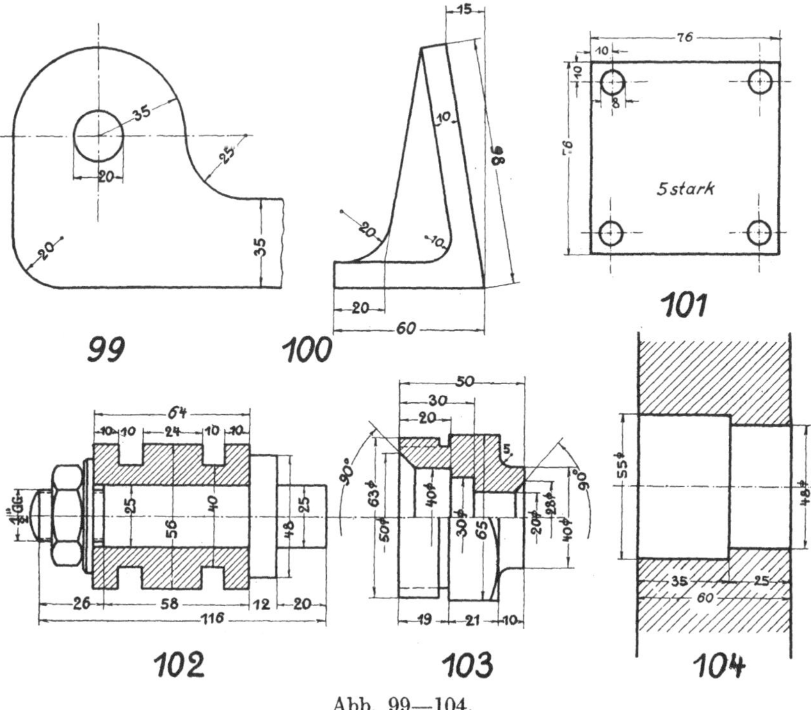

Abb. 99—104.

In allen diesen Fällen ist eine Strichstärke von 0,4÷0,2 mm zu wählen. Die unter 3. genannten Querschnitte sind durch feine durchgezogene Linien unter 45° nach rechts oder links steigend, zu schraffieren.

Zur Andeutung der Oberflächenart bei Kordelung, Riffelblechen, Drahtgeweben und gelochten Blechen sind Kreuzlinien unter 45° in einer Stärke von 0,1 mm zu wählen. Bei der Oberflächenbezeichnung runder Körper, wie sie bei Kordelschrauben vorkommt, soll die Schraffurweite konstant sein. Es empfiehlt sich nicht durch Verringerung des Linienabstandes nach den Rändern zu gleichzeitig anzudeuten, daß es sich um eine runde Fläche handelt.

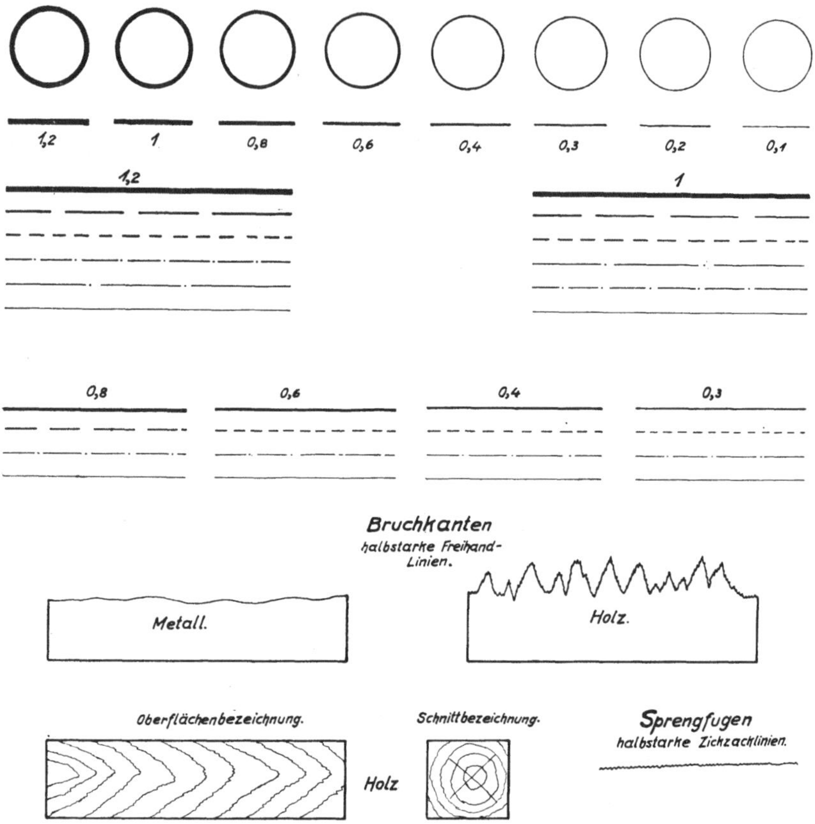

1,2 1 0,8 0,6 0,4 0,3 0,2 0,1

1,2

1

0,8 0,6 0,4 0,3

Bruchkanten
halbstarke Freihand-Linien.

Metall.

Holz.

Oberflächenbezeichnung.

Schnittbezeichnung.

Holz

Sprengfugen
halbstarke Zickzacklinien.

Linienarten und Strichstärken.

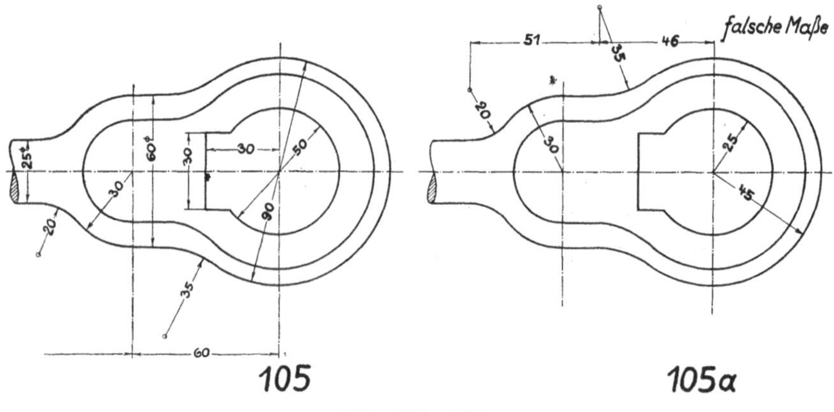

Abb. 105—105a.

Maßlinien und Maßhilfslinien werden in einer Stärke von 0,2÷0,1 mm voll ausgezogen. Die Maßlinien sind mit einer Öffnung für die Maßzahl und seitlich mit Maßpfeilen zu versehen. Ist die Maßlinie klein, so werden die Maßpfeile nach außen gesetzt, die Spitzen einander zugekehrt.

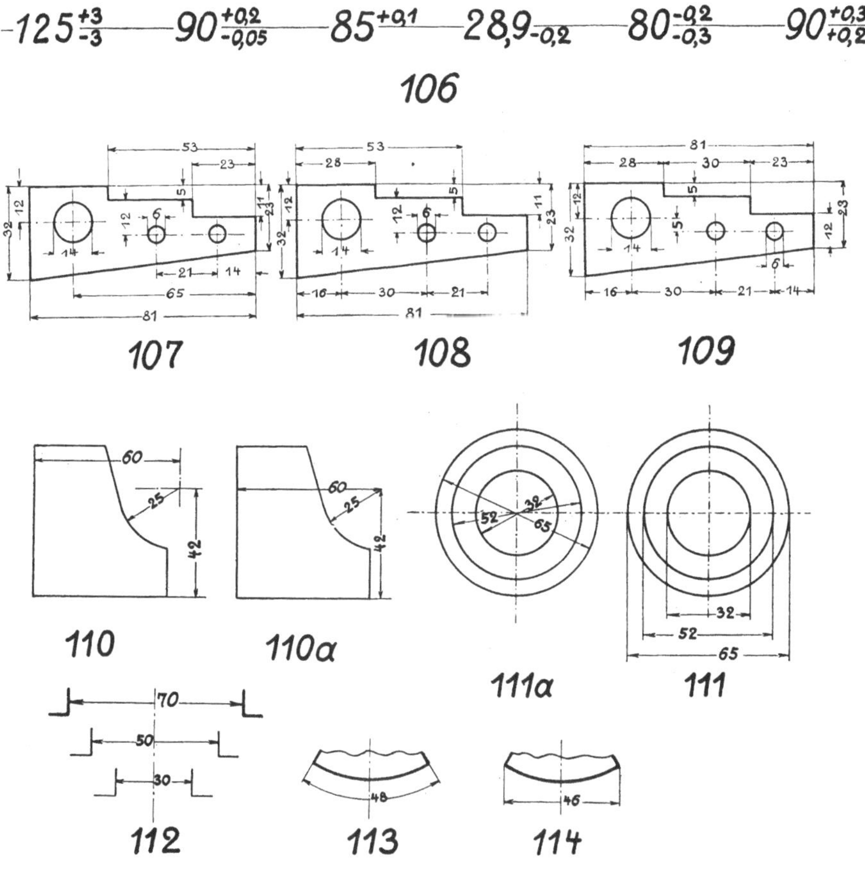

Abb. 106—114.

b) Gestrichelte Linien.

Unsichtbare (verdeckte) Kanten sind nach Möglichkeit nicht darzustellen, weil dadurch die Deutlichkeit der Zeichnung leiden könnte (Abb. 24 und 24a). Sie sind nur einzutragen, wenn sie unbedingt erforderlich sind. Alsdann sind sie durch gestrichelte Linien zu kennzeichnen, die aus längeren Strichen und kurzen Zwischenräumen bestehen. Sie sind nur ein Drittel so stark zu zeichnen als die voll ausgezogenen Linien desselben Bildes. Die Strichlängen sind nicht zu klein zu wählen, sie hängen von der Länge der gestrichelten Linien ab.

c) Strichpunktierte Linien.

Mittellinien sind durch strichpunktierte Linien zu kennzeichnen, die aus langen Strichen und kurzen Zwischenräumen bestehen. An Stelle des Punktes ist ein kurzer Strich zu wählen. Mittellinien sind immer länger zu zeichnen als der Teil ist, für den sie gelten sollen. Für wahre Größen, Rohmaßumrisse und vor dem dargestellten Gegenstand liegende Teile sind strichpunktierte Linien mit kurzen Strichen und kurzen Zwischenräumen zu wählen.

Zur Angabe des Verlaufes der Schnittebene wird eine strichpunktierte Linie gewählt, die stärker zu zeichnen ist als die sichtbaren Kanten (Abb. 16).

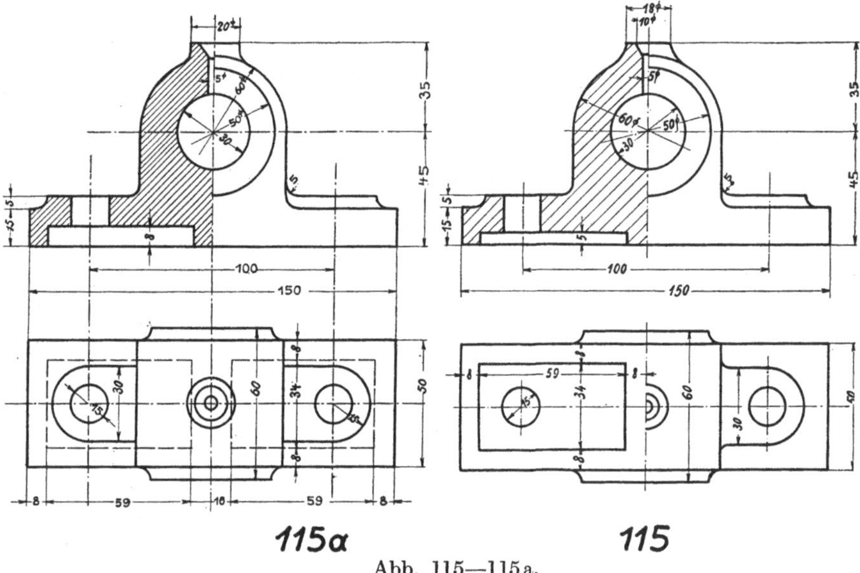

Abb. 115—115a.

d) Freihändig gezogene Linien.

Freihändig gezogene Linien sollen eine Stärke von 0,4÷0,2 mm haben. Sie werden angewendet in Zickzackform zur Angabe von Sprengfugen, in Zackenform für Bruchkanten bei Holz, als Linien mit schwachen Krümmungen für Bruchkanten bei Metallen, Isolierstoffen und Steinen, in Schleifenform für Bruchkanten bei zylindrischen Körpern.

Zur Kennzeichnung der Oberflächen von Langholz und Hirnholz verwendet man ganz feine, freihändig gezogene Linien in geschlossener Form in einer Stärke von 0,1 mm.

3. Kennzeichnung der Schnittflächen.

Die Schnittflächen sind ohne Rücksicht auf den Werkstoff möglichst unter 45° zur Achse oder Grundlinie zu schraffieren. Bei schräg liegenden Querschnitten schraffiert man niemals parallel zur

Hauptmittellinie, vermeidet aber andererseits auch die horizontale und vertikale Richtung, weil durch eine derartige Schraffur die eigentlichen Konstruktionslinien ungemein an Deutlichkeit verlieren.

Die Schraffurlinien sind fein durchzuziehen, also nicht zu stricheln oder zu strichpunktieren; sie sollen nach rechts oder links ansteigen.

Die früher übliche Art, den Werkstoff durch eine besondere Schraffur zu kennzeichnen, ist veraltet und sollte nicht mehr angewendet werden. Eine Ausnahme wird nur bei Erdreich gemacht, das im Schnitt durch freihändiges, nicht zu breites Anschwärzen des Innenrandes der Schnittfläche gekennzeichnet wird (Abb. 53).

Beim Schraffieren ist darauf zu achten, daß sämtliche Querschnitte desselben Körpers auch eine gleiche Schraffur erhalten (Abb. 28). Es ist falsch, mit der Schraffur bei demselben Körper zu wechseln (Abb. 28a). Ist derselbe Körper in mehreren Projektionen im Schnitt dargestellt, so sollte man die einmal gewählte Richtung der Schraffurlinien auch in allen Projektionen beibehalten (Abb. 65).

Beim Ausziehen der Schraffurlinien ist darauf zu achten, daß bei einer Unterbrechung der Schnittfläche die Linien ohne Versetzung weiterlaufen. Der Abstand der Schraffurlinien ist der Größe der Fläche entsprechend zu wählen und unverändert für alle Schnittflächen desselben Werkstückes gleich zu halten. Dünnwandige Werkstücke sind enger zu schraffieren als dickwandige; besteht aber ein Werkstück aus dick- und dünnwandigen Teilen, so müssen alle Teile dieselbe Schraffurweite haben. Es wäre falsch, die dünnwandigen Teile alsdann enger schraffieren zu wollen (Abb. 144 und 144a). Ist ein Körper in mehreren Projektionen geschnitten dargestellt, so lasse man die Schraffurlinien auch in allen Projektionen in gleicher Richtung und in gleichem Abstand ansteigen.

Die im Grundriß der Abb. 98 gezeichnete untere Lagerschale ist natürlich nicht zu schraffieren, da sie in Ansicht dargestellt ist. Dagegen müssen die im Aufriß im Schnitt dargestellte obere und untere Lagerschale schraffiert, und zwar entgegengesetzt schraffiert werden, weil es sich um zwei Teile handelt.

Bei Maßzahlen und Beschriftung ist die Schraffur zu unterbrechen (Abb. 104). Stoßen zwei Schnittflächen aneinander, so muß die Schraffur der einen Fläche nach rechts, die der anderen nach links ansteigen.

Wenn drei Schnittflächen zusammenstoßen, so läßt es sich nicht umgehen, daß zwei Schnittflächen eine in gleicher Weise ansteigende Schraffur erhalten. In diesem Falle muß man die beiden Schnittflächen verschieden weit schraffieren, um Irrtümer zu vermeiden (Abb. 159).

Die Bruchfläche von runden Körpern, die in der Längsrichtung dargestellt sind, wird durch eine Schleifenlinie gekennzeichnet, deren Bruchfläche gleichfalls schraffiert wird.

Wird Gewinde geschnitten, so ist die Schraffur bis zur Außenkante zu ziehen (Abb. 126 und 135). Ist aber Bolzen und Mutter im zusammengebauten Zustande geschnitten, so überwiegt die Schraffur des Bolzens, die bis zur Außenkante zu ziehen ist, während die Schraffur der Mutter nur bis zur Innenkante reicht (Abb. 126).

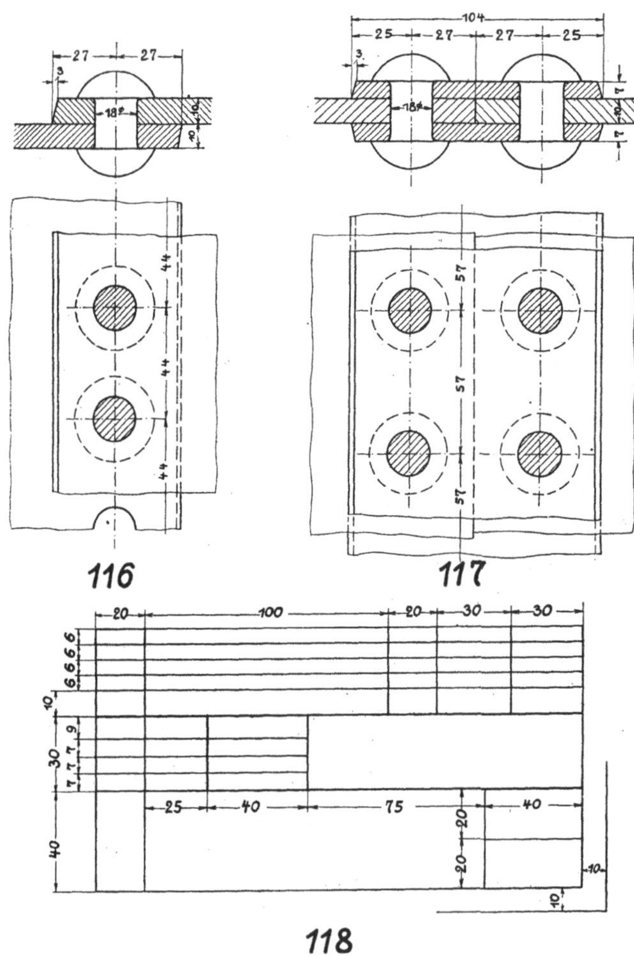

Abb. 116—118.

Schmale Schnittflächen, wie sie bei Walzeisen vorkommen, werden häufig voll geschwärzt. Stoßen mehrere geschwärzte Flächen aneinander, so ist die Anwendung von Lichtkanten zu empfehlen, die oben und links an jedem Körper anzuordnen sind (Abb. 7).

Bei Kennzeichnung von Flüssigkeiten (Wasser, Öl, Quecksilber usw.) wird der Flüssigkeitsspiegel durch eine feine Linie angedeutet und ein kleines, mit der Spitze auf der Spiegelfläche stehendes Dreieck hinzugefügt. Die Schnittfläche wird in diesem Falle nicht schraffiert.

4. Abweichungen von der genauen, vollständigen und maßstäblichen Darstellung.

Spielräume und Absätze von Bruchteilen eines Millimeters werden vergrößert gezeichnet (Abb. 71). Bei Wellen, Achsen und Bolzen werden die Ansätze an den Zylinderaußenlinien nicht kenntlich gemacht, wenn die betreffenden Zylinderteile dasselbe Grundmaß besitzen, wie dies bei nebeneinander liegenden Passungen verschiedener Art vorkommt; z. B. 40 ○ *F* und 40 ○ *L*. Die Längengrenzen werden dabei durch feine, senkrecht zur Achse gerichtete Maßhilfslinien kenntlich gemacht (Abb. 71).

Schraubenfedern können nach Abb. 67 unter Fortlassung der hinter dem Schraubenbolzen verlaufenden Verbindungslinien gezeichnet werden.

VI. Die Normung von Maschinenteilen.

In der Technik bricht sich immer mehr ein Normalisieren und Vereinheitlichen oft verwendeter Elemente Bahn. Hierzu gehören Schrauben, Niete, Unterlegscheiben, Stifte usw. Diese Teile werden in bestimmter Größe immer wieder verwendet und meistens in größerer Menge hergestellt und auf Vorrat gehalten. Diese Normalelemente können im Zusammenhang einer größeren Konstruktion meist in erheblich vereinfachter und teilweise schematischer Darstellung wiedergegeben werden.

1. Niete.

Man unterscheidet Kesselniete und Eisenbauniete.

Für die Durchmesser der Niete ist 3 mm-Stufung gewählt worden. Die endgültig angenommene Reihe der rohen Nietdurchmesser ist: 10, 13, 16, 19, 22, 25, 28, 31, 34, 37, 40 und 43 mm. Die Löcher werden durchweg 1 mm größer gebohrt, so daß also die Reihe für die geschlagenen Niete jeweils um 1 mm größer wie die oben angeführte Reihe ist. Für die Eisenbaunieten ist die Reihe bis auf 4 mm herab festgelegt worden; hierfür sind die Durchmesser 4, 5, 6 und 8 mm gewählt worden.

Die Kesselniete (Abb. 37) haben einen kreisbogenförmigen Kopf, dessen Durchmesser 1,8 d und dessen Höhe 0,66 d beträgt, wenn d der rohe Nietdurchmesser ist. Das früher vielfach übliche angestauchte Versenk als Übergang zwischen Nietkopf und Nietschaft ist in Fortfall gekommen und durch ein Abrundung von $r = \frac{d}{10}$ ersetzt worden. Für die Nietlängen ist eine Abstufung der Nieten bis 60 mm von 2:2 mm, über 60 mm von 3:3 mm gewählt worden.

Der Werkstoff der Kesselniete soll 34 ÷ 41 kg Festigkeit bei 25% Bruchdehnung besitzen.

Die Eisenbauniete haben die gleichen Schaftdurchmesser und Längen wie die Dampfkesselniete. Die Kopfform der Eisenbau- und Schiffbauniete hat eine kreisbogenförmige Begrenzung erhalten mit einem Durchmesser von 1,6 d und einer Höhe von 0,66 d, bezogen auf das rohe Niet. Der Übergang vom Kopf zum Schaft wird bei den Eisenbaunieten scharfkantig, bzw. mit einer so kleinen Abrundung ausgeführt, wie sie sich bei der Herstellung der Gesenke von selbst ergibt.

Bei Versenknieten (Abb. 38) beträgt der Versenkwinkel α bei Nieten von

10 bis 16 mm Schaftdurchmesser 75°,
19 „ 25 „ „ 60°,
darüber hinaus „ 45°.

Von der Kopfseite aus gesehene Nieten werden fast immer so dargestellt, daß der Nietkopf abgeschnitten gedacht ist, um die Weite des Nietloches zu zeigen. Nur wenn das Bild sehr klein ausfällt, z. B. bei Zeichnungen im Maßstab 1 : 10, empfiehlt es sich, die Nietköpfe zu zeichnen.

2. Die Schrauben und ihre zeichnerische Darstellung.

a) Gewindearten.

Man unterscheidet das scharfgängige, das flachgängige, das Trapez- und das Rundgewinde.

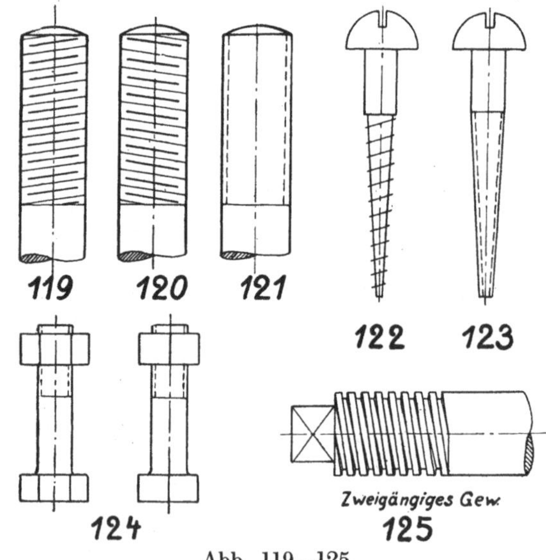

Abb. 119—125.

Steigt das Bolzengewinde nach rechts an, so nennt man es rechtsgängig, steigt es nach links an, linksgängig. Gewöhnlich wird rechtsgängiges Gewinde verwendet; linksgängiges kommt z. B. bei Spannschlössern vor (Abb. 147).

Am wichtigsten ist das scharfgängige Gewinde, das bei allen Befestigungsschrauben verwendet wird. Es gab früher für das scharfgängige Gewinde eine ganze Anzahl von Gewindearten. Gemäß den

Veröffentlichungen des Normenausschusses der deutschen Industrie werden aber in Zukunft für Deutschland nur noch folgende Gewindesysteme in der Industrie verwendet werden:

1. Das Whitworthgewinde von $^1/_4''$ bis $6''$
2. Das metrische S-J-Gewinde von 1—150 mm Durchmesser.

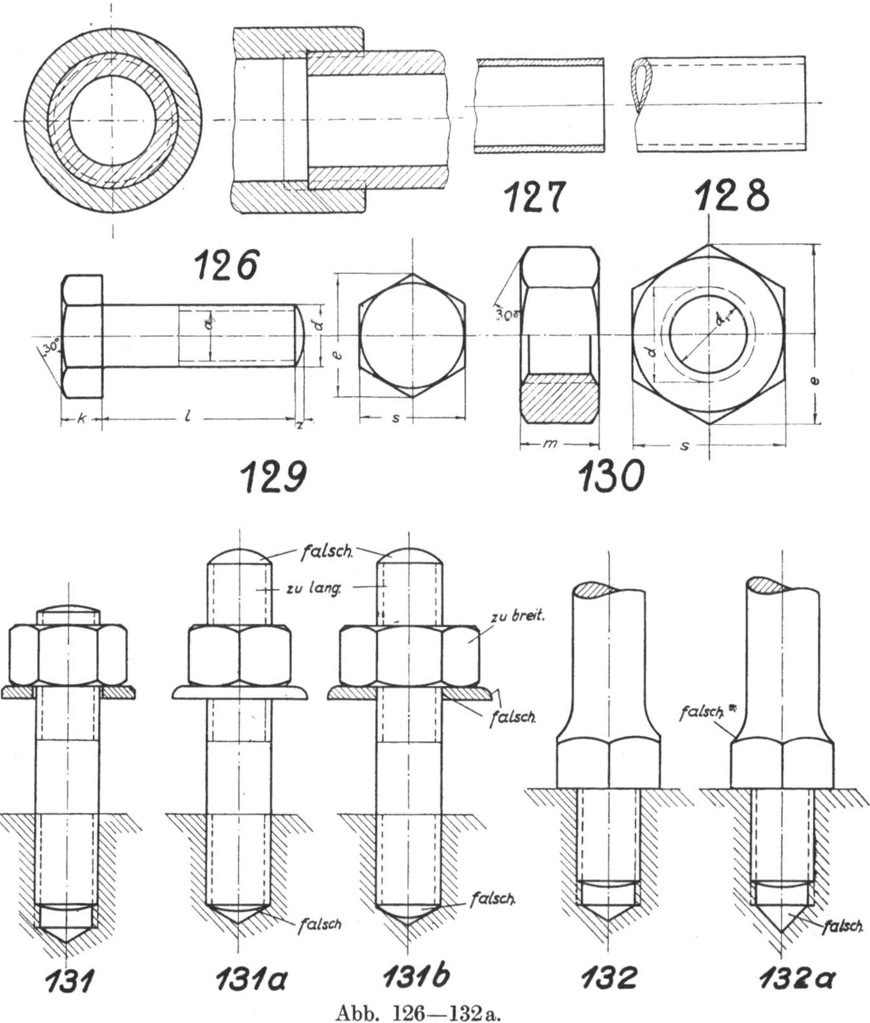

Abb. 126—132a.

Die Abmessungen der beiden Gewindesysteme gehen aus den Tafeln auf S. 62—63 hervor. Die darin eingeklammerten Schraubengrößen sind möglichst nicht zu verwenden.

Dem Whitworthgewinde, das nach dem englischen Zollmaß abgestuft ist, liegt ein gleichschenkliges Dreieck mit dem Kantenwinkel von 55° zugrunde. Die Bezeichnung für das Whitworthgewinde lautet z. B. $1^1/_2''$. Man verwendet es für normale Kopf-, Mutter- und Stiftschrauben.

Dem Querschnitt des S-J-Gewindes, das nach Millimetern abgestuft ist, liegt ein gleichseitiges Dreieck zugrunde. Es hat noch nicht die allgemeine Verbreitung, die das Whitworthgewinde besitzt, gefunden.

Für Gasrohre, Abdichtungen usw. verwendet man ein Gewinde nach dem Whitworthsystem mit besonders kleiner Ganghöhe, das sog. Gasgewinde. Dasselbe wird nach dem lichten Durchmesser der Rohre benannt. Man bezeichnet es durch den Zusatz *GG* hinter der Zollzahl, z. B.: $1^1/_2''$ *GG*.

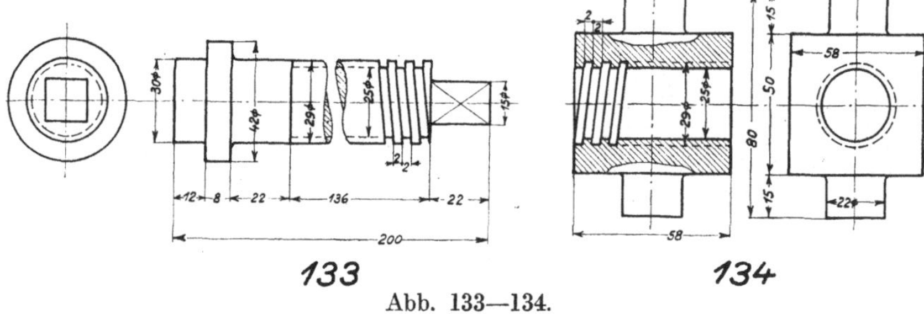

Abb. 133—134.

Eine andere Abart des Whitworthgewindes ist das Feingewinde. Dasselbe wird für stark beanspruchte Schrauben, z. B. an Kolben- und Pleuelstangen, Kurbeln, Wellen usw., ferner für anstellbare Gewindespindeln, z. B. für Steuerungsgestänge und für alle Messingarmaturen, verwendet. Für das Messinggewinde von Schmiergefäßen, Probierhähnen, Zylinderhähnen, aber auch für das Gewinde von Stehbolzen und Deckenankern nimmt man bei Durchmessern über 20 mm meistens 10 Gänge auf einen englischen Zoll. Die Bezeichnung für das Feingewinde ist z. B.: $1^1/_2''$ *FG*.

b) Sinnbilder für das Gewinde.

Gewinde können in verschiedener Weise sinnbildlich dargestellt werden. Die Abb. 119 zeigt eine umständliche Form der Darstellung, bei der die Gewindelinien ohne Profil, jedoch in richtigen Abständen und in richtiger Neigung gezogen sind, und zwar abwechselnd eine lange, schwache Linie, welche den Durchmesser des Gewindes in den Spitzen, und eine kürzere, dickere Linie, welche den Kerndurchmesser andeutet.

Beim Zeichnen dieses Sinnbildes muß man den Kerndurchmesser und die Gewindesteigung aus der Tabelle entnehmen, alsdann die Gewindesteigung an der Außenkante des Bolzens abtragen und die Schräge der Gewindelinie konstruieren, welche der Steigung in der Mitte des Gewindes entspricht. Diese Darstellungsweise ist sehr zeitraubend und wird daher nicht viel verwendet.

1½"
130
50
30
38
62
50
1½"
50
38
30
130
50
62
42
15
40
80
1½"
50
65
135
136
137
138
e
d
D₁
s
d₁
k
139
falsch
falsch
140a
140
144
30°
35
30
50
75
20
35
72
141
30°
30
25
26
18
32
22
40
31
142
30°
60°
45°
30°
15°
15°
15°
60°
60°
143
144a

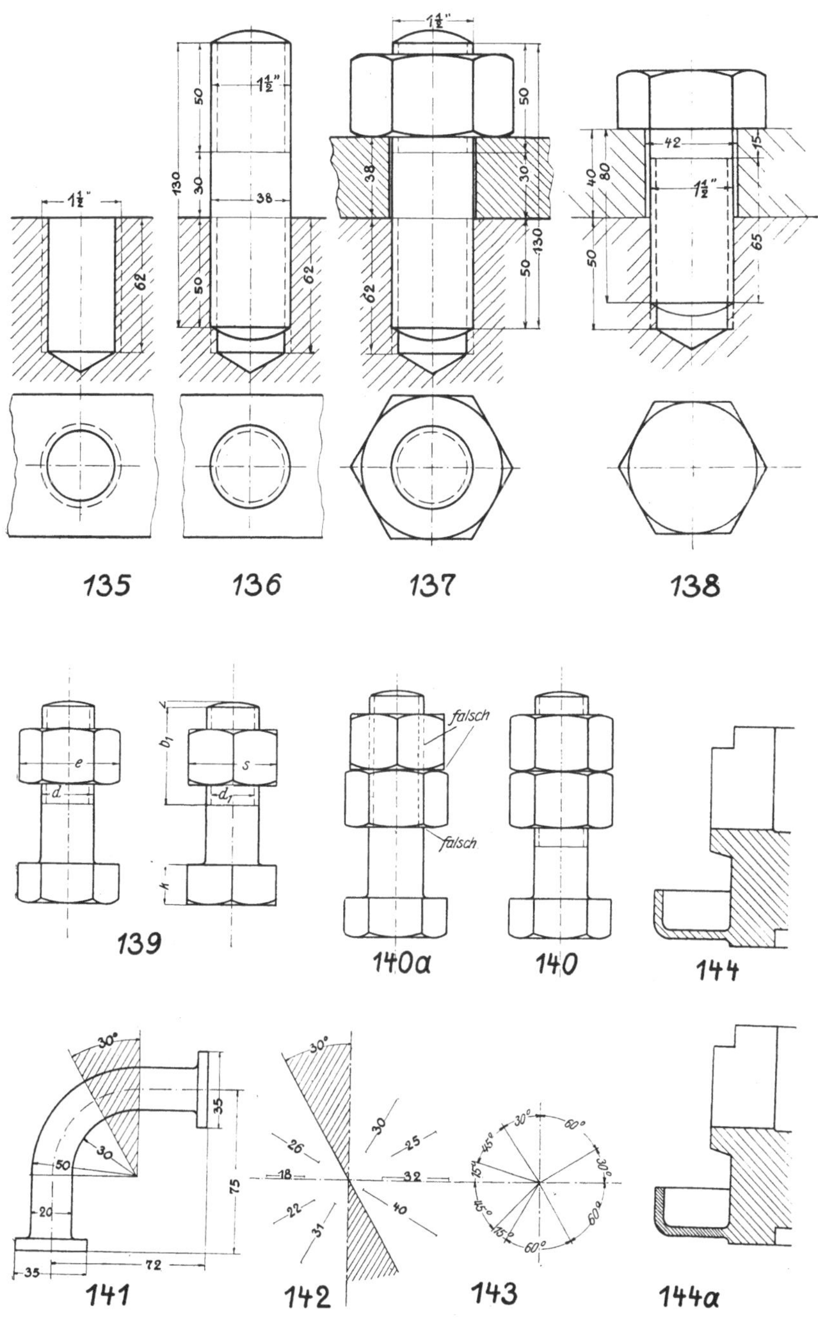

Abb. 135—144a.

Die zweite Art der schematischen Gewindedarstellung, welche am weitesten verbreitet ist, ist in Abb. 121 dargetellt. Diese deutet die Gewindeaußenkanten durch kräftig durchgezogene, die Kernkanten durch halbstarke, gestrichelte Linien an. Im Grundriße wird das Gewinde durch einen gestrichelten Kreis angedeutet, der beim Bolzengewinde innen, beim Muttergewinde außen liegt (Abb. 136 und 135).

Die Gewindelänge wird durch eine dünne, gerade Linie gekennzeichnet. Ist dagegen das Gewinde bis an einen Absatz des Bolzens geschnitten, so fällt die Begrenzungslinie für das Gewinde mit der starken Linie zusammen, welche dem Absatz entspricht.

Die Abb. 136 und 135 sind Sinnbilder für das Bolzen- und Muttergewinde aller Gewindearten. Muß die Gewindeform besonders dargestellt werden, so kann dies nach Abb. 133 und 134 oder vergrößert neben dem Bolzen geschehen (Abb. 94).

Abb. 136 gilt für den Bolzen im Muttergewinde bei Schnittdarstellungen; der Bohrerkegel ist mit dem 30°-Winkel von den Kernlochlinien ausgehend zu ziehen.

Die obigen Regeln sind auch für Schraubenverbindungen anzuwenden, wobei der charakteristischen Darstellung des Bolzens immer der Vorzug zu geben ist. Nach Abb. 126 ist das im Schnitt dargestellte Rohr (Bolzen) in der geschnittenen Muffe (Mutter) so zu zeichnen, als wenn es allein vorhanden wäre. Das Muttergewinde erscheint nur dort, wo es durch den Bolzen nicht verdeckt wird.

Werden Schraubenverbindungen im Schnitt dargestellt, so wird die Schraffur beim Bolzen bis zum Außendurchmesser, bei der Mutter bis zum Kerndurchmesser gezeichnet. Sind Bolzen und Mutter gleichzeitig geschnitten, wie in Abb. 126, wo das Rohr dem Bolzen, die Rohrmuffe der Mutter entspricht, so wird die Schraffur, da das Bolzengewinde überwiegt, bis zum Außendurchmesser des Rohrgewindes geführt.

c) Sinnbilder für Schrauben.

Man unterscheidet an der Schraube den Bolzen mit Kopf und Schaft und die Mutter. Der Bolzen besteht aus einem glatten und einem Gewindeteil.

Kopf und Mutter der Schrauben erhalten gewöhnlich sechseckige Gestalt zum Anfassen mit dem Schlüssel. Weniger häufige Kopfformen sind Vierkantkopf (quadratisch oder rechteckig), Halbrundkopf und zylindrischer Kopf. Um zu verhindern, daß der Bolzen beim Anziehen oder Lösen der Mutter sich mitdreht, pflegt man bei den Halbrund- und zylindrischen Köpfen in der Ecke zwischen Kopf und Schaft eine Nase oder einen Stift anzubringen.

Da der Schraubenbolzen beim Anziehen der Mutter auf Zug beansprucht wird, so ist aus Festigkeitsgründen eine kleine Abrundung beim Übergang vom Kopf zum Schaft vorgesehen.

Die Kanten der normalen sechskantigen Muttern und Schraubenköpfe werden nach einem Kegel unter 30° abgeschrägt, dessen Grundkreisdurchmesser die Schlüsselweite ist, so daß als Durchdringungskurven im Sechskant Hyperbeln entstehen. Das Abschrägen der Kanten erfolgt bei der Mutter auf beiden Seiten, beim Kopf aber nur auf der äußeren Seite (Abb. 145). Die Schraubenmuttern werden außerdem beiderseitig bis auf den Gewindedurchmesser ausgesenkt (Abb. 130).

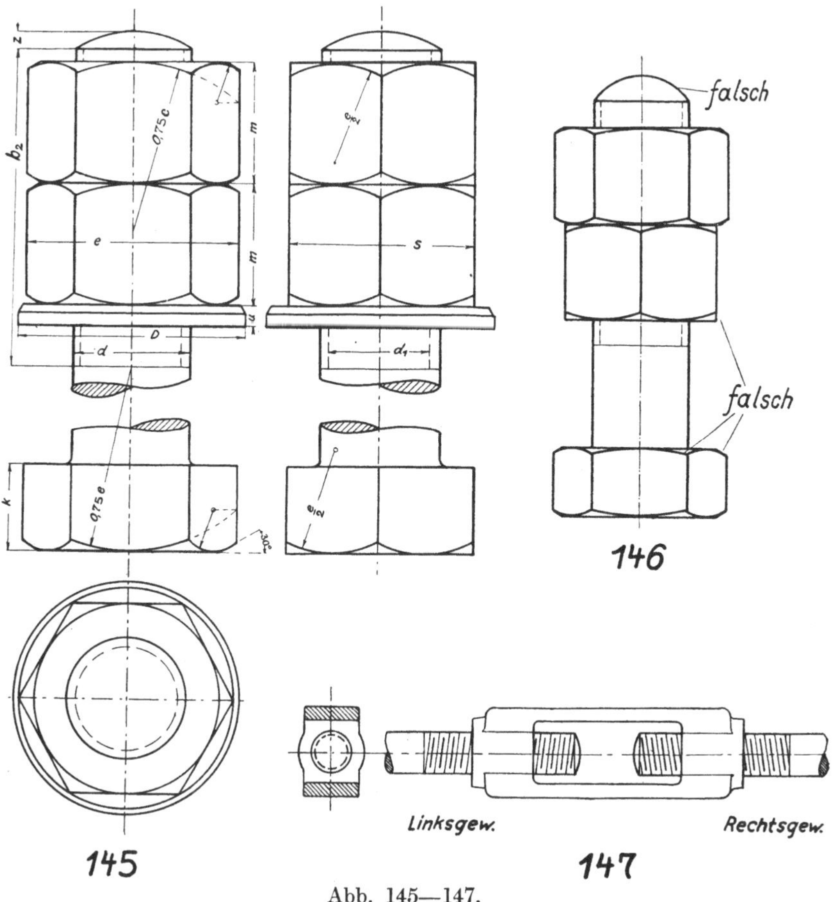

Abb. 145—147.

Die durch das Abschrägen der Kanten entstehenden Phasenlinien an Mutter und Kopf werden der einfacheren Darstellung wegen stets als Kreise gezeichnet. Die Halbmesser dieser Kreise gehen aus Abb. 145 hervor. Der Halbmesser für die kleine Phasenlinie kann an der senkrechten Außenkante der Mutter abgenommen werden, wenn die große Phasenlinie mit dieser Kante zum Schnitt gebracht wird. Wo angängig, ist jedoch die vereinfachte Darstellung der Schrauben nach Abb. 124 zu wählen. Die Muttern und Schraubenköpfe sind stets maßstäblich zu zeichnen, und zwar sind die Maße für den Schraubenbolzen, Mutter, Kopf, Unterlegscheibe und Splint der Normaltabelle zu entnehmen. Das maßstäbliche Zeichnen der Schrauben hat den Zweck, Fehler zu vermeiden, die entstehen könnten, wenn nicht genügend Raum für die Unterbringung der Muttern und Köpfe vorgesehen wird.

Ist eine Normaltabelle nicht zur Hand, so können die Schraubenabmessungen aus dem Bolzendurchmesser d in folgender Weise angenähert berechnet werden:

Kerndurchmesser .	0,8 d,	Schlüsselweite $s = 1{,}4\ d + 5$ mm,	
Kopfhöhe . . .	0,7 d,	Durchmesser der Unterlegscheibe	1,3 s,
Mutterhöhe . . .	1 d,	Dicke „ „	0,1 s.

Die Abmessungen d, d_1 und h der flachgängigen Schrauben, sowie der Schrauben mit Trapez- und Rundgewinde sind nicht mehr an Normalien gebunden und können daher ganz beliebig gewählt werden. Beim Zeichnen von Sechskantschrauben und Muttern ist die Stellung zu bevorzugen, in der drei Flächen sichtbar sind. Wird dieselbe Mutter auch im Seitenriß dargestellt, so sind alsdann nur zwei Flächen zu zeichnen. Im ersteren Fall ist der Phasenwinkel von 30° an den Ecken sichtbar, während im Seitenriß Mutter und Kopf scharfkantige Ecken zeigen (Abb. 145).

Im Grundriß stellt sich die Mutter im wesentlichen als ein regelmäßiges Sechseck dar, das einem Phasenkreis vom Durchmesser der Schlüsselweite umbeschrieben ist.

Beim Zeichnen von Schrauben muß auch darauf geachtet werden, daß genügend Platz zum Aufsetzen des Schraubenschlüssels und zum Anziehen der Muttern vorhanden ist. Für das Anziehen der Muttern muß der Schlüssel um mindestens 60° gedreht werden können. Zuweilen ist in Höhe der Mutter für den Schlüssel nicht genügend Platz vorhanden, alsdann muß man einen Aufsteckschlüssel wählen.

Sind die Schrauben mit Doppelmuttern zu versehen, so wählt man im Interesse vereinfachter Fertigung zwei gleich große Muttern.

Die Sechskant- und Stiftschrauben werden am Ende mit einer Rundkuppe zum Schutze des Gewindes versehen, deren Halbmesser ungefähr dem Gewindedurchmesser entspricht.

Bei den Stiftschrauben richtet sich die Einschraublänge nach dem Material, in welchem die Schraube befestigt werden soll. Erfolgt das Einschrauben

in Flußeisen,	so beträgt die Gewindelänge	1 d
„ Gußeisen,	„ „ „ „	1,3 d
„ Weichmetall,	„ „ „ „	2 d,

wenn d der Bolzendurchmesser ist.

Der über die Mutter hinausragende Teil des Gewindebolzens von Mutterschrauben darf nicht zu lang ausfallen, weil er alsdann betriebsgefährlich werden könnte; man mache ihn bei

1/2″-Schrauben	etwa	2 mm,
1″- „	„	4 „
2″- „	„	5 „

Das Bohren des Gewindeloches für Stiftschrauben erfolgt mit einem Spiralbohrer, dessen Durchmesser gleich dem Kerndurchmesser des Gewindes ist und dessen Spitzenwinkel 120° beträgt. Das Gewinde wird alsdann mit dem Gewindebohrer eingeschnitten. Da aber das Gewinde nicht bis zum Grunde in voller Schärfe geschnitten werden kann, so muß das Loch etwas tiefer sein, als die Einschraublänge des Gewindebolzens beträgt. Man mache das Loch bei

$^1/_2$″-Schrauben	um	etwa	7	mm	tiefer,
1″- „	„	„	9	„	„
2″- „	„	„	17	„	„

Bei den Schrauben gibt man nur das Gewinde, die Bolzen- und Gewindelänge und bei Paßschrauben auch die Bolzenstärke an. Alle anderen Maße, welche die Tabellen zeigen, dienen lediglich zur Erleichterung des Aufzeichnens, werden aber nicht eingetragen. Beim Maßeinschreiben ist zu beachten, daß die Maßlinien für die Bolzen- und Gewindelängen nicht bis zur äußersten Kuppenbegrenzung durchzuführen sind.

Normale Schraubenmuttern werden weder geschnitten, noch wird das Gewinde eingestrichelt, da es selbstverständlich ist, daß die Schraubenmutter Gewinde enthalten muß. Anders ist es jedoch bei Schraubenmuttern mit besonderem, vom normalen abweichendem Gewinde, z. B. bei Rohrmuttern. Hier werden die Muttern meistens im Schnitt dargestellt, um das Gewinde möglichst deutlich im Profil zu zeigen.

Zeichnet man eine Gewindebohrung im Schnitt, so ist zu beachten, daß beim rechtsgängigen Gewinde die Schraubengänge nach links ansteigen und umgekehrt (Abb. 134).

Für Holzschrauben gilt die schematische Gewindedarstellung nach Abb. 122 und 123. Der letzteren ist im allgemeinen der Vorzug zu geben. Nur in Ausnahmefällen und bei kleinen Holzschrauben ist die Andeutung des Gewindes durch schräge Gewindestriche nach Abb. 122 zu wählen

3. Sinnbilder für Zahnräder.

Für Zahnräder sind drei Darstellungsarten zu unterscheiden:

1. Die einfachste Darstellung, die sich besonders für Zusammenstellungszeichnungen eignet. Bei dieser sind die Zahnkränze nur durch strichpunktierte Teilkreislinien angedeutet (Abb. 154—156).

2. Die ausführlichere Darstellung, bei der außer den Teilkreisen auch die Kopfkreise wiedergegeben sind (Abb. 149—153). Diese wird angewendet, wenn es darauf ankommt, das freie Vorbeigehen der Zahnräder an benachbarten Teilen nachzuweisen.

3. Die ausführlichste Darstellung, bei der die Kopfkreise ausgezogen, die Teilkreise strichpunktiert und die Fußkreise gestrichelt werden (Abb. 158 und 148). Sie wird besonders verwendet in Teilzeichnungen, in denen auch die übrigen Einzelheiten des Zahnrades, die Nabe, die Arme usw. ausführlich gezeichnet sind.

Bei Kegelrädern werden die Fußkreise im Sinnbild stets fortgelassen. Für die Schnecken- und Schraubenräder sind in gleicher Weise

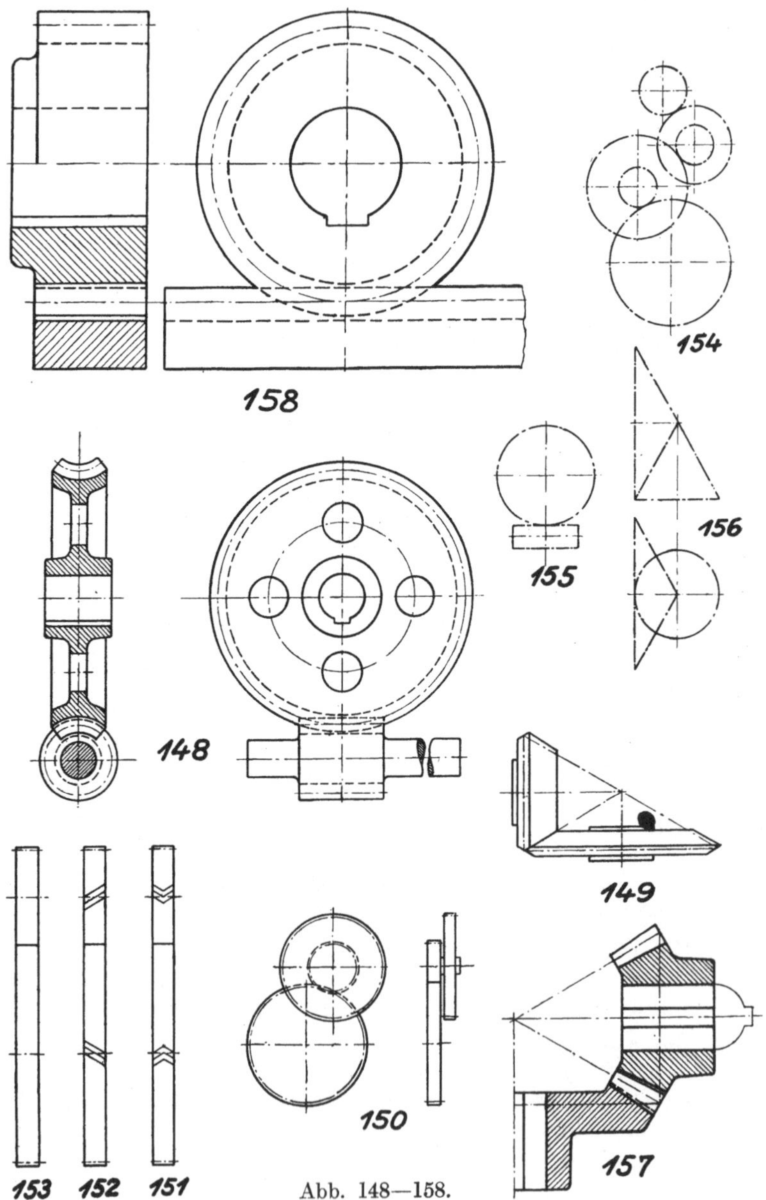

Abb. 148—158.

wie bei den Stirnrädern drei Darstellungsarten in Anwendung, von denen Abb. 148 und 152 die wichtigsten Sinnbilder wiedergeben.

Sellers-Kupplung
Name der Schule
Klasse
Blatt
Federn
Schrauben
Konen
Kupplungshülse
Stück
Gegenstand
Teil
Werkstoff
Bem.
Datum
Name
gez.
gepr.
Normg
Maßstab 1:1
159

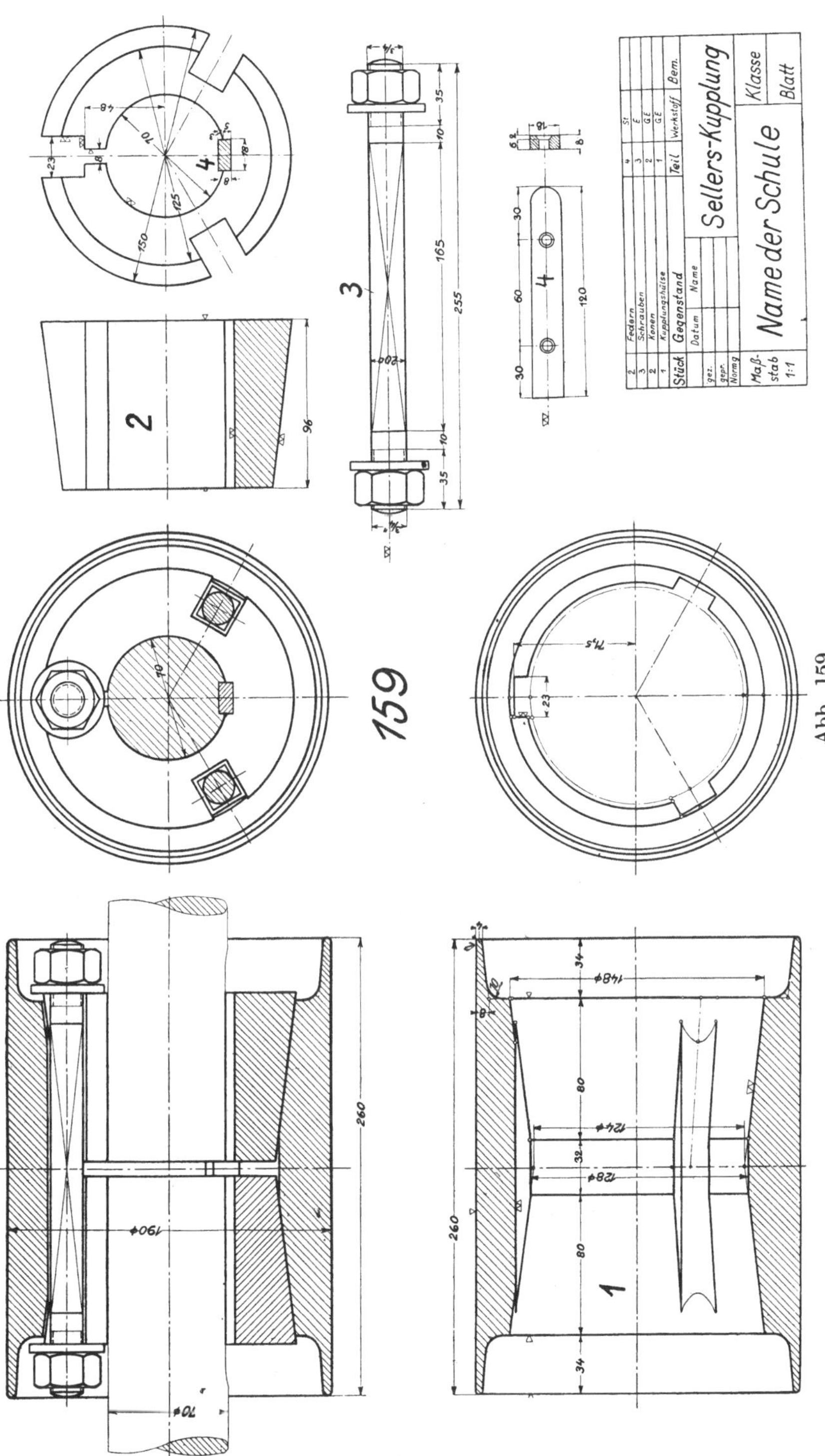

Abb. 159.

Sechskantschrauben von 1 bis 27 mm Durchmesser — blank. (Abb. 129 und 130.)

Gewindedurchmesser zugleich Schaftdurchmesser	Bolzen		Kopf			Mutter
	Kerndurchmesser	Steigung	Größtmaß der Schlüsselweite	Eckenmaß	Kopfhöhe	Höhe
d	d_1	h	s	e	k	m
1	0,65	0,25	3	3,5	1,2	1
(1,2)	0,85	0,25	3	3,5	1,2	1,2
1,4	0,98	0,3	3,5	4	1,4	1,4
(1,7)	1,21	0,35	4	4,6	1,6	1,7
2	1,44	0,4	4,5	5,2	1,8	2
(2,3)	1,74	0,4	5	5,8	2	2,3
2,6	1,97	0,45	5	5,8	2	2,6
3	2,31	0,5	6	7	2,5	3
(3,5)	2,67	0,6	7	8	2,8	3,5
4	3,03	0,7	8	9	3	4
(4,5)	3,46	0,75	9	10	3,5	4,5
5	3,89	0,8	10	11,5	4	5
(5,5)	4,25	0,9	12	14	4,5	5,5
6	4,61	1	12	14	4,5	6
(7)	5,61	1	13	15	5	7
8	6,26	1,25	14	16	6	8
(9)	7,26	1,25	16	18,5	6,5	8,5
10	7,92	1,5	17	20	7	9
(11)	8,92	1,5	19	22	8	10
12	9,57	1,75	21	24	8,5	11
14	11,22	2	23	26	10	12
16	13,22	2	27	31	11	14
(18)	14,53	2,5	29	33	12	15
20	16,53	2,5	31	36	14	17
(22)	18,53	2,5	35	40	15	19
24	19,83	3	38	43	16	20
(27)	22,83	3	42	48	18	22
30	25,14	3,5	45	52	20	25
(33)	28,14	3,5	49	57	22	27
36	30,44	4	54	62	24	29
(39)	33,44	4	58	67	26	32
42	35,75	4,5	63	73	28	34
(45)	38,75	4,5	67	77	30	36
48	41,05	5	72	83	32	39
(52)	45,05	5	76	88	34	42
56	48,36	5,5	82	94	37	45
(60)	52,36	5,5	88	101	39	48
64	55,67	6	94	109	42	51
(68)	59,67	6	100	115	44	55
72	62,97	6,5	105	121	47	58
(76)	66,97	6,5	112	127	49	61
80	70,28	7	116	134	52	64
(85)	75,28	7	125	145	55	68
90	79,58	7,5	132	153	58	72
(95)	84,58	7,5	139	161	61	76
100	88,89	8	146	169	64	80
110	98,89	8	160	187	71	88
120	107,50	9	174	201	77	94
130	117,50	9	188	217	83	100
140	127,50	9	202	233	89	106
150	136,11	10	217	251	95	114

Whitworthgewinde.

Sechskantschrauben für 1 und 2 Muttern (blank).

(Abb. 129 und 130.)

Gewindedurchmesser zugleich Schaftdurchmesser d		Bolzen			Kopf			Mutter
		Kern		Gänge auf 1 Zoll	Größtmaß d. Schlüsselweite s	Eckenmaß e	Kopfhöhe k	Höhe m
		Durchmesser d_1	Querschnitt					
Zoll	mm	mm	cm²		mm	mm	mm	mm
$^{1}/_{4}$	6,35	4,72	0,175	20	12	14	5	6
$^{5}/_{16}$	7,94	6,13	0,295	18	14	16	6	8
$^{3}/_{8}$	9,52	7,49	0,441	16	17	20	7	9
($^{7}/_{16}$)	11,11	8,79	0,607	14	19	22	8	10
$^{1}/_{2}$	12,70	9,99	0,784	12	21	24	9	11
$^{5}/_{8}$	15,87	12,92	1,31	11	27	31	11	14
$^{3}/_{4}$	19,05	15,80	1,96	10	31	36	13	16
$^{7}/_{8}$	22,22	18,61	2,72	9	35	40	15	19
1	25,40	21,33	3,57	8	40	46	17	21
$1^{1}/_{8}$	28,57	23,93	4,50	7	45	52	19	24
$1^{1}/_{4}$	31,75	27,10	5,77	7	49	57	21	26
$1^{3}/_{8}$	34,92	29,50	6,84	6	54	62	23	29
$1^{1}/_{2}$	38,10	32,68	8,39	6	58	67	25	31
$1^{5}/_{8}$	41,27	34,77	9,50	5	63	73	27	34
$1^{3}/_{4}$	44,45	37,94	11,31	5	67	77	29	36
($1^{7}/_{8}$)	47,62	40,40	12,82	$4^{1}/_{2}$	72	83	31	39
2	50,80	43,57	14,91	$4^{1}/_{2}$	76	88	33	41
$2^{1}/_{4}$	57,15	49,02	18,87	4	85	98	37	46
$2^{1}/_{2}$	63,50	55,37	24,08	4	94	109	41	51
$2^{3}/_{4}$	69,85	60,56	28,80	$3^{1}/_{2}$	103	119	45	56
3	76,20	66,91	35,16	$3^{1}/_{2}$	112	129	49	61
$3^{1}/_{4}$	82,55	72,54	41,33	$3^{1}/_{4}$	121	140	53	66
$3^{1}/_{2}$	88,90	78,89	48,88	$3^{1}/_{4}$	130	150	57	71
$3^{3}/_{4}$	95,25	84,40	55,95	3	139	161	61	76
4	101,60	90,75	64,69	3	148	171	65	81
$4^{1}/_{4}$	107,95	96,63	73,34	$2^{7}/_{8}$	157	181	69	86
$4^{1}/_{2}$	114,30	102,98	83,30	$2^{7}/_{8}$	166	192	73	90
$4^{3}/_{4}$	120,65	108,82	93,01	$2^{3}/_{4}$	175	202	77	94
5	127,00	115,17	104,2	$2^{3}/_{4}$	184	212	81	98
$5^{1}/_{4}$	133,35	120,96	114,9	$2^{5}/_{8}$	193	223	85	102
$5^{1}/_{2}$	139,70	127,31	127,3	$2^{5}/_{8}$	202	233	89	106
$5^{3}/_{4}$	146,05	133,04	139,0	$2^{1}/_{2}$	211	244	92	110
6	152,40	139,39	152,6	$2^{1}/_{2}$	220	254	95	114

Gasgewinde.

Bez.: z. B. 47, 81 G.G. oder $1^1/_2''$ G.G.

Lichter Rohrdurchmesser Zoll	Lichter Rohrdurchmesser mm	Äußerer Gewindedurchmesser mm	Kerndurchmesser mm	Gänge auf 1 Zoll
$^1/_8$	3,175	9,7153	8,5520	28
$^1/_4$	6,350	13,1569	11,4450	19
$^3/_8$	9,525	16,6697	14,9578	19
$^1/_2$	12,700	20,9724	18,6483	14
$^5/_8$	15,875	22,9154	20,5913	14
$^3/_4$	19,050	26,4409	24,1168	14
$^7/_8$	22,225	30,2000	27,8759	14
1	25,400	33,2479	30,2889	11
$1^1/_8$	28,574	37,8961	34,9371	11
$1^1/_4$	31,749	41,9092	38,9502	11
$1^3/_8$	34,924	44,3221	41,3631	11
$1^1/_2$	38,099	47,8146	44,8556	11
$1^5/_8$	41,274	51,3324	48,3734	11
$1^3/_4$	44,449	51,9927	49,0337	11
2	50,799	59,6126	56,6536	11
$2^1/_4$	57,149	65,7212	62,7622	11
$2^1/_2$	63,499	76,2315	73,2725	11
$2^3/_4$	69,849	82,4722	79,5132	11
3	76,199	88,5173	85,5583	11

Literatur.

Maschinenbau, Zeitschrift für Gestaltung, Betrieb und Wirtschaft, Berlin.
Zeitschrift für gewerblichen Unterricht, Leipzig.